普通高等学校应用型特色教材

基 础 工 程

蒋 辉 编著

黄河水利出版社

·郑州·

内 容 提 要

基础工程是研究建筑物基础或包含基础的地下结构设计与施工的一门学科。本书介绍各类基础工程的理论知识、计算、设计、施工技术等。全书主要内容包括：绪论、地基基础设计概论、刚性基础与扩展基础、连续基础、桩基础、沉井基础及其他深基础、基坑工程、地基处理、特殊土地基、抗震地基基础，以及附录。

本书可作为高等学校和高职高专院校土木工程专业、城市地下空间工程专业、道桥工程专业、地质工程专业、岩土工程专业、水利工程专业等的基本教材，也可作为函授教育、远程教育相关专业的教学用书，还可作为有关工程技术人员的参考书和自学用书。

图书在版编目(CIP)数据

基础工程/蒋辉编著. —郑州:黄河水利出版社,2020.7

普通高等学校应用型特色教材

ISBN 978 - 7 - 5509 - 2756 - 8

Ⅰ.①基… Ⅱ.①蒋… Ⅲ.①基础(工程) - 高等学校 - 教材 Ⅳ.①TU47

中国版本图书馆 CIP 数据核字(2020)第 134423 号

策划编辑:王志宽 电话:0371 - 66024331 E-mail:wangzhikuan83@126.com

出 版 社:黄河水利出版社 网址:www.yrcp.com
地址:河南省郑州市顺河路黄委会综合楼 14 层 邮政编码:450003
发行单位:黄河水利出版社
发行部电话:0371 - 66026940、66020550、66028024、66022620(传真)
E-mail:hhslcbs@126.com
承印单位:河南承创印务有限公司
开本:787 mm × 1 092 mm 1/16
印张:13.5
字数:312 千字 印数:1—2 100
版次:2020 年 7 月第 1 版 印次:2020 年 7 月第 1 次印刷
定价:38.00 元

前　言

　　基础工程是研究建筑物基础或包含基础的地下结构设计与施工的一门学科。

　　基础工程是城市地下空间工程专业、土木工程专业、道路桥梁与渡河工程专业的核心课程。通过本课程的教学,使学生掌握基础工程的类型、使用条件,以及基础工程的有关计算、设计、施工、地基处理等基本知识和技能,并且能学以致用,毕业后能基本从事土木工程、城市地下空间工程、道路桥梁工程等基础工程的设计与施工,并能与后续专业课程紧密配合,为相关工程设计和工程建设提供科学依据。

　　在教学过程中选用的基础工程教材通常是国家"十二五"或"十三五"本科规划教材,且多是 985 院校主编,其特点是理论深、难度大、应用少、算例少,而我校学生基础知识较差,学习难度较大,为了弥补这些不足,更好地适应应用型本科教学,加强实践性,特撰写了这本《基础工程》教材,其目的是化繁为简、化难为易,深入浅出,突出应用特色,不断提高教学质量。希望通过不断努力和逐步完善,使本书得到广大师生的普遍欢迎和好评,努力把本书打造成为应用型课程精品教材和特色教材。

　　本书主要内容包括:绪论、地基基础设计概论、刚性基础与扩展基础、连续基础、桩基础、沉井基础与其他深基础、基坑工程、地基处理、特殊土地基、抗震地基基础,以及附录。本书编排体系新颖,图文并茂,每一章既是一个独立的单元或模块,又相互联系。为便于教学和学生学习,每章后均附有思考题与习题。

　　《基础工程》教材编写时力争做到理论联系实际,深入浅出,简明易懂,便于应用,努力做到理论与应用并重、知识与技能兼容,以及科学性、先进性和应用性相统一。其内容以"适度、够用"为原则,并密切结合学科发展,引用最新规范和标准,教材内容既充分体现学科的基本理论和方法,又密切跟进新技术、新方法和新手段,教材内容具有"宽(知识面宽,技术含量大)、浅(内容深入浅出,浅显易懂)、新(内容新,引用的资料和数据新)、用(内容实用)"的鲜明特色。

　　本书由蒋辉教授撰写。作者 1978～2016 年在河南地矿职业学院从事教学和科研工作,2017 年以后又在河南师范大学新联学院从事教学和科研工作。郑州大学博士生导师张雷顺教授,华北水利水电大学吴琦教授、曾桂香教授审读了本书,提出了许多建设性的修改意见;河南师范大学新联学院土木建筑工程学院周恒芳副教授,陈方瑜、关洪亮等老师提出了很多具体的修改意见。编写本书时参考了兄弟院校和诸多作者的大量资料,在此一并表示衷心的感谢!

　　因编者水平有限,时间仓促,书中缺点、错误和不妥之处在所难免,敬请读者批评指正,尤其是在使用过程中,请多提意见,以便今后进一步修改,使之日臻完善。

对本书内容的意见、建议，请与作者联系，并发至以下电子邮箱：jianghui1956@126.com 或 1802991586@qq.com。

作　者
2020 年 6 月

目　录

绪　论

0.1　地基与基础的概念

"万丈高楼平地起",任何建筑都建造在一定的地层上。

0.1.1　地基

通常,把直接承受建筑物荷载影响的地层(土层或岩层)称为地基。未加处理就可满足设计要求的地基称为天然地基;软弱、承载力不能满足设计要求,需对其进行加固处理的地基称为人工地基。

0.1.2　基础

基础是将建筑物承受的各种荷载传递到地基上的下部实体结构,是埋入地下一定深度的建筑物之下的扩大部分。基础主要起承上启下的作用。

房屋建筑及附属构筑物通常由上部结构及基础两大部分组成,基础是指室内地面标高(±0.000)以下的结构。

带有地下室的房屋,地下室和基础通称为地下结构或下部结构。

公(铁)路桥梁通常由上部结构、墩台和基础三大部分组成,墩台及基础通称为下部结构。

地基和基础是密切相连的。地基承受由基础传来的荷载,是受其影响的岩土层。地基上部第一土层称为持力层;下部各土层称为下卧层(见图0-1)。

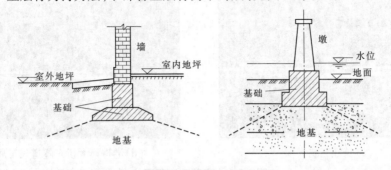

图0-1　地基与基础

基础应埋入地下一定深度,进入较好的地层。根据基础的埋置深度不同,可分为浅基础和深基础。

浅基础是埋置深度不大(<5 m)或埋置深度小于基础宽度,只需经过挖槽、排水等普通施工程序就可完成的基础。浅基础主要包括钢基础、扩大基础、柱下条形基础、筏形基

础、箱形基础、壳体基础等。

深基础是埋置深度大于 5 m,或基础埋置深度大于基础宽度,须借助特殊施工方法建造的基础。例如,桩基础、沉井基础、墩基础、地下连续墙等。

0.1.3　基础工程

基础工程是研究建筑物基础或包含基础的地下结构设计与施工的一门学科。

基础设计与施工也就是地基基础设计与施工。其设计必须满足以下三个基本要求:

(1)强度要求:作用于地基上的荷载不得超过地基容许承载力。

(2)变形要求:基础沉降不得超过地基变形容许值。

(3)上部结构的其他要求:满足上部结构对基础结构的强度、刚度和耐久性要求。

基础工程的特点如下:

(1)基础工程常在地下或水下进行,挡土挡水,施工难度大(见图0-2)。

(a)任何建筑均需有足够强度的基础支撑

(b)建筑工程的桩基础

(c)长江三峡大坝

(d)港珠澳大桥东隧道人工岛

图0-2　一组基础工程图片

(2)在一般高层建筑中,其造价约占总造价的25% ,工期占 25% ~30% 。

(3)基础工程为隐蔽工程,一旦失事,损失巨大,补救十分困难。

(4)基础工程的质量决定建筑工程的质量和安全性。

实例1:加拿大特朗斯康谷仓的地基事故。

谷仓长 59.4 m、高 31.0 m、宽 23.5 m，由 65 个圆筒仓组成，自重 2 万 t；钢混筏板基础。事先不了解基底下有厚达 16 m 的软黏土层。

该谷仓 1913 年建成存放谷物时，基地压力（320 kPa）超出地基极限承载力（276 kPa），谷仓西侧突然陷入土中 8.8 m，东侧抬高 1.5 m，谷仓整体倾斜 26°53′，地基发生整体滑动，丧失稳定性，上部钢混筒仓完好无损（见图 0-3）。

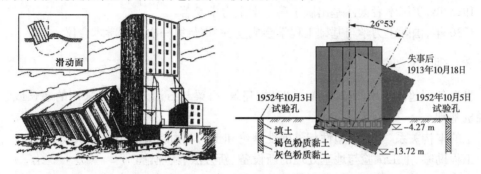

图 0-3　加拿大特朗斯康谷仓地基破坏情况

原因分析：基础下有厚 16 m 的软黏土层，谷仓地基因超载发生强度破坏而滑动。

实例 2：意大利比萨斜塔因软弱地基而倾斜问题。

比萨斜塔 1370 年竣工，全塔共 8 层，高度为 55 m。目前，塔向南倾斜，南北两端沉降差达 1.80 m，塔顶离中心线已达 5.27 m，倾斜 5.5°（见图 0-4）。

倾斜原因：地基持力层为粉砂，下面为粉土和黏土层，强度较低，属软弱层，变形较大。

图 0-4　意大利比萨斜塔

0.2　基础工程学科发展概况

基础工程学是一门古老的工程技术和年轻的应用学科。

例如，我国都江堰水利工程、举世闻名的万里长城、隋代南北大运河、黄河大堤、赵州石拱桥，以及许许多多遍及全国各地的宏伟壮丽的宫殿寺院、巍然挺立的高塔等，都因地基牢固，虽经历了无数次强震强风仍安然无恙。

0.2.1　我国远古时期

新石器时代西安半坡村的土台及石础；春秋时期至秦代各种地基的处理方法，如灰土垫层、水撼砂垫层、石灰桩等。

钱塘江南岸河姆渡文化遗址，发现 5 600 年前打入沼泽地的木桩，世所罕见。

0.2.2　近代世界(18 世纪欧洲工业革命)

1773 年,法国学者库仑提出著名的砂土抗剪强度公式。

1869 年,英国学者朗肯提出了挡土墙土压力理论。

1922 年,瑞典费伦纽斯提出了土坡稳定分析条分法。

1925 年,美国学者太沙基出版了第一本土力学专著。

1936 年,国际土力学与基础工程学会成立,并举行第一次国际学术会议。

0.2.3　现代

世界各国超高土坝(>200 m)、超高层建筑、桥梁与石油开采平台采用的超长或超大直径桩基础。

土的本构关系、土的弹塑性与黏弹性理论和土的动力特性。

工程勘察、土工试验与地基处理的新设备、新方法、新理论。

中华人民共和国成立后,我国的基础工程学科也得到了迅速发展。

电化学方法加固处理中国历史博物馆地基。

在长江上建成了 10 余座大桥(南京长江大桥、武汉长江大桥等)。

上海环球金融中心等超高层建筑,天然土体难以满足其荷载要求,必须对地基土进行处理。

长江三峡水利枢纽工程和黄河小浪底工程的地基处理,将基础工程的设计、施工、检测提高到了一个新水平。

召开了 10 余次土力学和基础工程学术研讨会。

近年来,我国在工程地质勘察、室内及现场土工试验、地基处理,以及新设备、新材料、新工艺的研究和应用方面,取得了很大的进展。

各种地基处理新技术在工程实践中得到了广泛应用。

电子技术和数值计算方法对各学科逐步渗透,解决了许多复杂的工程问题。

各种规范、规程相继问世,并日臻完善。

基础工程主要向以下三个方面发展:

(1)高。

随着结构计算与施工工艺水平不断提高,现代建筑物高度不断攀升,给基础的设计与施工带来新挑战。

(2)大。

为满足某些功能,部分建筑物体积加大,导致上部结构传递给基础和地基的荷载更大,设计与施工难度不断提高。

(3)深。

近年来,城市开发日渐深入,地下空间开发与利用已成为城市建设的重要组成部分,开发深度不断加大。

0.3　本课程的特点和学习要求

本课程是土木工程专业、城市地下空间工程专业、道桥工程专业的一门主干专业课程,是理论性、综合性、应用性、实践性都很强的应用学科。

本课程的内容与工程地质学、土力学、材料力学、结构设计与施工等课程联系密切。

学习要求如下:

(1)贯穿一条主线:围绕与城市地下空间工程、土木工程、道桥工程有关的工程问题进行深入学习,理论联系实际。

(2)加强理解和应用(两个重点):注意掌握基本原理和计算方法,淡化具体规范、规程;要记忆,但不要死记。

(3)紧抓基础设计三大基本问题:强度—变形—稳定性。

(4)重视四个教学环节:听课、试验、实习、作业等。

授课教材:赵明华.《基础工程(第3版)》.北京:高等教育出版社,2017。

参考书目:周景星,李广信,张建红,虞石民,王洪瑾.《基础工程(第3版)》.北京:清华大学出版社,2015。

华南理工大学,浙江大学,湖南大学.《基础工程(第3版)》.北京:中国建筑工业出版社,2014。

参考网站:中国知识网、网易公开课、全民终身学习平台、爱课程、MOOC、
　　　　　http://abook.hep.com.cn/1250132。

思考题与习题

0-1　试述地基的概念和分类。

0-2　试述基础的概念和分类。

0-3　试述基础工程的概念。

0-4　说明基础工程的作用。

0-5　说明基础工程的特点。

0-6　说明基础工程课程的特点。你对该课程的教学有什么建议和要求?

第1章 地基基础设计概论

1.1 概 述

基础是连接上部建筑结构或桥梁墩台与地基之间的过渡结构。它的作用是将上部结构承受的各种荷载安全传递至地基,并使地基在建筑物允许的沉降变形值内正常工作,从而保证建筑物的正常使用。

进行基础工程设计时,应将地基、基础视为一个整体,在基础底面处满足变形协调条件及静力平衡条件。

1.1.1 基础工程设计的要求及任务

进行土木工程结构设计时,应根据结构破坏可能产生的后果(危及人的生命、造成经济损失、产生社会影响等)的严重性采用不同的安全等级。

建筑工程结构的安全等级、公路工程结构的设计安全等级、地基基础设计等级、建筑抗震设防分类、支护结构的安全等级、建筑结构的设计使用年限分类分别参见表 1-1 ~ 表1-6。

表 1-1 建筑工程结构的安全等级

安全等级	破坏后果	建筑物类型
一级	很严重	重要的建筑
二级	严重	一般的建筑
三级	不严重	次要的建筑

注:1. 对特殊的建筑物,其安全等级应根据具体情况另行确定;
  2. 地基基础设计等级按抗震要求设计安全等级,尚应符合有关规范规定。

表 1-2 公路工程结构的设计安全等级

安全等级	路面结构	桥涵结构
一级	高速公路路面	特大桥、重要大桥
二级	一级公路路面	大桥、中桥、重要小桥
三级	二级公路路面	小桥、涵洞

注:有特殊要求的公路工程结构,其安全等级可根据具体情况另行规定。

表 1-3　地基基础设计等级

设计等级	建筑和地基类型
甲级	重要的工业与民用建筑； 30 层以上的高层建筑； 体形复杂，层数相差超过 10 层的高低层连成一体的建筑物； 大面积的多层地下建筑物（如地下车库、商场、运动场等）； 对地基变形有特殊要求的建筑物； 复杂地质条件下的坡上建筑物（包括高边坡）； 对原有工程影响较大的新建建筑物； 场地和地基条件复杂的一般建筑物； 位于复杂地质条件及软土地区的二层及二层以上地下室的基坑工程； 开挖深度大于 15 m 的基坑工程； 周边环境条件复杂、环境保护要求高的基坑工程
乙级	除甲级、丙级外的工业与民用建筑物； 除甲级、丙级外的基坑工程
丙级	场地和地基条件简单、荷载分布均匀的七层及七层以下民用建筑及一般工业建筑； 次要的轻型建筑物； 非软土地区且场地地质条件简单、基坑周边环境条件简单、环境保护要求不高且开挖深度小于 5.0 m 的基坑工程

表 1-4　建筑抗震设防分类

抗震设防类别	抗震建筑类型
1. 特殊设防类	指使用上有特殊设施，涉及国家公共安全的重大建筑工程和地震时可能发生严重次生灾害等特别重大灾害后果，需要特殊设防的建筑，简称甲类
2. 重点设防类	指地震时使用功能不能中断或需尽快恢复的生命线相关建筑，以及地震时可能导致大量人员伤亡等重大灾害后果，需要提高设防标准的建筑，简称乙类
3. 标准设防类	指大量的除 1、2、4 款以外按标准要求进行设防的建筑，简称丙类
4. 适度设防类	指使用上人员稀少且震损不致产生次生损害，允许在一定条件下适度降低要求的建筑，简称丁类

表 1-5　支护结构的安全等级

安全等级	破坏后果
一级	支护结构失效，土体过大变形对基坑周边环境或主体结构施工安全的影响很严重
二级	支护结构失效，土体过大变形对基坑周边环境或主体结构施工安全的影响严重
三级	支护结构失效，土体过大变形对基坑周边环境或主体结构施工安全的影响不严重

表 1-6　建筑结构的设计使用年限分类

类别	设计使用年限(年)	示例
1	5	临时性建筑
2	25	易于替换结构构件的建筑
3	50	普通建筑和构筑物
4	100	纪念性建筑和特别重要的建筑

地基基础设计等级分为甲级、乙级、丙级。划分依据是:地基复杂程度、建筑物规模和功能特征、地基问题可能造成的破坏或影响正常使用的程度。

所有的地基均应满足承载力要求;甲级、乙级地基应按地基变形设计。

应根据结构在施工和使用中的环境条件及影响,区分下列三种设计状况:

(1)持久状况。在结构的使用过程中一定出现,持续期很长的状况,如结构自重、车辆荷载。持续期一般与设计使用年限为同一数量级。

(2)短暂状况。在结构施工和使用过程中出现概率较大,而与设计使用年限相比,持续期很短的状况,如施工和维修等。

(3)偶然状况。在结构施工和使用过程中出现概率很小,且持续期很短的状况,如火灾、爆炸、撞击等。

基础工程设计的任务是:对于不同设计状况,可采用不同的结构体系,并对该体系进行结构效应分析。结构效应分析是基础工程设计的主要任务。

1.1.2　地基基础设计基本原则

1.1.2.1　极限状态设计法与极限状态设计原则

极限状态设计法:一般是已知基本变量的统计特性,然后根据预先规定的可靠度指标,求出所需结构构件抗力的平均值,并选择截面。

极限状态:整个结构或结构构件超过某一特定状态就不能满足设计规定的某一功能要求,此特定状态称为该功能的极限状态。

1. 承载能力极限状态

承载能力极限状态是指结构或构件达到最大承载能力或不适于继续承载的变形或变位。下列状态之一应认为超过了承载能力极限状态:

(1)结构作为刚体失去平衡(如倾覆等)。

(2)结构构件因超过材料强度而破坏或过度塑性变形而不适于继续承载。

(3)结构转变为机动体系。

(4)结构或构件丧失稳定(如压屈等)。

(5)地基丧失承载能力而破坏(如失稳等)。

2. 正常使用极限状态

正常使用极限状态是指结构或构件达到正常使用能力或耐久性能的某项规定限值。

下列状态之一应认为超过了正常使用极限状态：

(1)影响正常使用或外观的变形。

(2)影响正常使用或耐久性能的局部破坏(包括裂缝)。

(3)影响正常使用的振动。

(4)影响正常使用的其他特定状况。

1.1.2.2   地基基础设计和计算原则

(1)各级建筑物均应进行地基承载力计算,且符合：

$$P(地基压应力) < f_a(地基承载力特征值)$$

(2)进行必要的变形计算,且符合：

$$s(地基变形或沉降量) < [s](地基变形允许值)$$

(3)稳定性要求:基础结构的尺寸、构造和材料应满足建筑物长期荷载作用下的强度、刚度和耐久性的要求。

1.1.3   地基基础设计资料

1.1.3.1   荷载资料

一般建筑物结构在设计时,将上部结构、基础与地基三者分开独立进行。

以平面框架柱下条形基础的结构分析为例,以柱脚内力、地基反力作为基础结构承受的荷载(见图 1-1)。

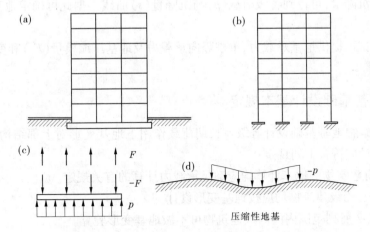

图 1-1   地基、基础、上部结构的常规分析简图

梁式桥,桥面作为上部结构,墩台内力和底面反力作为外荷载(见图 1-2)。

设计地基基础时,应采用荷载效应最不利组合与相应的抗力或极限值。

1.1.3.2   岩土工程勘察资料

基础结构是以其下部的地基作为依托。因此,基础工程设计需要反映有关地基抗力性能的勘察资料。

(1)岩土工程勘察报告。主要提供地质条件、各土层的物理力学性质、地下水埋藏情况、场地类别,对可供采用的地基基础设计方案进行分析论证,提出经济合理的设计方案

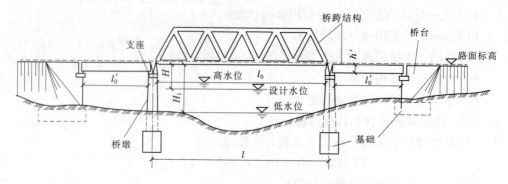

图 1-2　梁式桥概貌

建议,提供地基承载力及变形计算参数。

(2)地基评价。根据钻探取样、室内土工试验、原位测试结果进行。

(3)各类建筑物均应进行施工验槽。

1.1.3.3　原位测试资料

原位测试主要指野外现场试验。

原位测试主要包括静力载荷试验、静力触探试验、圆锥动力触探试验、标准贯入试验、十字板剪切试验等。

静力载荷试验是最常用的原位试验。在试坑内对地基土分别施加不同等级的荷载,测得不同的沉降量,可得到各级荷载(p)与沉降量(s)曲线。据此可确定地基土的比例界限荷载(p_0)。

原位测试可提供地基承载力、单桩竖向承载力及地基压缩模量(E_s)和变形模量(E_0)等数据。

1.1.4　地基基础设计基本规定

根据建筑物地基基础设计等级及长期荷载作用下地基变形对上部结构的影响程度,地基基础设计应符合下列规定:

(1)所有建筑物的地基计算均应满足承载力计算的有关规定。

(2)甲级、乙级建筑物均应按地基变形设计。

(3)表 1-7 所列范围内的丙级建筑物可不做地基变形验算。

(4)对经常受水平荷载作用的高层建筑、高耸建筑和挡土墙等,以及建造在斜坡上或边坡附近的建筑物和构筑物,应进行稳定性验算。

(5)基坑工程应进行稳定性验算。

(6)建筑地下室或地下构筑物存在地下室上浮问题时,应进行抗浮验算。

从以上规定可以知道,基础工程设计时必须对地基的承载力、变形及地基基础的稳定性进行验算。

基础内力计算是根据基础顶面作用的荷载与基础底面地基的反力作为外荷载,运用静力学、结构力学的方法进行求解。

表 1-7　可不做地基变形验算的设计等级为丙级的建筑物范围

地基主要受力层情况	地基承载力特征值 f_{ak}(kPa)		$80 \leqslant f_{ak} < 100$	$100 \leqslant f_{ak} < 130$	$130 \leqslant f_{ak} < 160$	$160 \leqslant f_{ak} < 200$	$200 \leqslant f_{ak} < 300$
	各土层坡度(%)		≤5	≤10	≤10	≤10	≤10
建筑类型	砌体承重结构、框架结构(层数)		≤5	≤5	≤6	≤6	≤7
	单层排架结构(6 m 柱距)	单跨 吊车额定起重量(t)	10~15	15~20	20~30	30~50	50~100
		单跨 厂房跨度(m)	≤18	≤24	≤30	≤30	≤30
		多跨 吊车额定起重量(t)	5~10	10~15	15~20	20~30	30~75
		多跨 厂房跨度(m)	≤18	≤24	≤30	≤30	≤30
	烟囱	高度(m)	≤40	≤50	≤75		≤100
	水塔	高度(m)	≤20	≤30	≤30		≤30
		容积(m³)	50~100	100~200	200~300	300~500	500~1 000

注:1. 地基主要受力层是指条形基础底面下深度为 3b(b 为基础底面宽度)、独立基础下为 1.5b,且厚度均不小于 5 m 的范围(2 层以下一般的民用建筑除外);

2. 地基主要受力层中如有承载力特征值小于 130 kPa 的土层,则表中砌体承重结构设计应符合《建筑地基基础设计规范》(GB 50007—2011)的有关要求;

3. 表中砌体承重结构和框架结构均指民用建筑,对于工业建筑可按厂家高度、荷载情况折合成与其相当的民用建筑层数;

4. 表中吊车额定起重量、烟囱高度和水塔容积的数值是指最大值。

荷载组合要考虑多种荷载同时作用在基础顶面,又要按承载力极限状态和正常使用极限状态分别进行组合,并取各自的最不利组合进行设计计算。

标准组合是正常使用极限状态下,采用标准值或组合值为荷载代表值的组合。标准组合的效应设计值(S_k)应按下式确定:

$$S_k = S_{Gk} + S_{Q1k} + \psi_{c2} S_{Q2k} + \cdots + \psi_{cn} S_{Qnk} \tag{1-1}$$

式中　S_k——标准组合的效应设计值;

S_{Gk}——永久作用标准值 G_k 的效应;

S_{Qik}——第 i 个可变作用标准值 Q_{ik} 的效应,$i = 1 \sim n$,下同;

ψ_{ci}——第 i 个可变作用 Q_i 的组合值系数,按《建筑结构荷载规范》(GB 50009—2012)的规定取值。

准永久组合(正常使用极限状态下,可变荷载采用准永久值为荷载代表值的组合)的效应设计值(S_k)应按下式确定:

$$S_k = S_{Gk} + \psi_{q1} S_{Q1k} + \psi_{q2} S_{Q2k} + \cdots + \psi_{qn} S_{Qnk} \tag{1-2}$$

式中　ψ_{qi}——第 i 个可变作用准永久值系数,按 GB 50009—2012 的规定取值。

在承载能力极限状态下,由可变作用控制的基本组合(基本组合是承载能力极限状态下永久作用和可变作用的组合)的效应设计值(S_d)应按下式确定:

$$S_d = \gamma_G S_{Gk} + \gamma_{Q1} S_{Q1k} + \gamma_{Q2} \psi_{c2} S_{Q2k} + \cdots + \gamma_{Qn} \psi_{cn} S_{Qnk} \tag{1-3}$$

式中　γ_G——永久作用的分项系数,按 GB 50009—2012 的规定取值;

　　　γ_{Qi}——第 i 个可变作用的分项系数,按 GB 50009—2012 的规定取值。

对由永久作用控制的基本组合,也可采用简化规则,基本组合的效应设计值(S_d)按下式确定:

$$S_d = 1.35S_k \tag{1-4}$$

式中　S_k——标准组合的作用效应设计值。

基础顶面作用的荷载来源于上部结构的力学解答,是框架柱、排架柱的柱端轴力值、剪力值、弯矩值,或墙体底部的轴力值。这些数值的取值应根据最不利条件选取。

1.2　土的物理力学性质与指标

1.2.1　室内试验与土的物理力学性质与指标

土的物理力学性质是地基勘察的重要组成部分,通过试验测定地基岩土的各项物理力学特性,提供相应的指标,作为地基计算分析和工程处理的依据。

按照试验的环境和方法不同,土工试验可以分成两大类,即室内试验和原位测试。

室内试验是在实验室内对从现场取回的土样进行物理力学性质试验。试验项目视地基计算的要求而定,可以参阅表 1-8 所列内容。室内试验的优点是简便、试验条件明确、经济。

表 1-8　基础工程要求的室内土工试验项目

目的	应用指标	试验项目
定名和状态	1. 土的分类 黏性土和粉土:I_P(塑性指数) 粉土、砂土和碎石土:d(颗粒组成) 2. 土的状态 黏性土:e(孔隙比),I_L(液性指数) 粉土:e(孔隙比),ω(含水量) 砂土:e(孔隙比),D_r(相对密实度)	液限试验(ω_L),塑限试验(ω_P),颗粒分析试验(筛分法或比重计法),比重试验(G_s),含水量试验(ω)*,密度试验(ρ)*
地基变形量和沉降随时间发展关系计算	a 或 E_s、E_s'(压缩系数或压缩模量、回弹再压缩模量),P_c(先期固结压力),c_v(固结系数)	侧限压缩试验(或称固结试验)*
用公式确定地基承载力,基坑边坡稳定分析和土压力计算	c(黏聚力),φ(内摩擦角)	三轴剪切试验或直剪试验*
基坑降水或排水	k(渗透系数)	渗透试验*
填土质量控制	ω_{op}(最优含水量),ρ_{max}(最大干密度)	击实试验

注:* 应该用原状土样的试验项目。

基础工程常用的土的物理性质指标简述如下。

1.2.1.1　土的三相比例指标

土体及土的三相组成如图 1-3 所示。

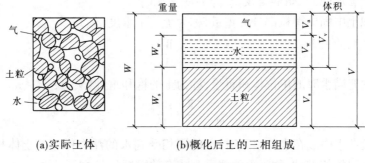

(a)实际土体　　　　　　(b)概化后土的三相组成

W_s—土粒重量;W_w—土中水重量;W—土的总重量,$W = W_s + W_w$;

V_s—土粒体积;V_w—土中水体积;V_a—土中气体积;

V_v—土中孔隙体积,$V_v = V_w + V_a$;V—土的总体积,$V = V_s + V_w + V_a$

图 1-3　土体及土的三相组成示意图

1. 土的重度(γ)与密度(ρ)

单位体积土的重量称为土的重度,计算式为

$$\gamma = \frac{W}{V} \tag{1-5}$$

式中　γ——土的重度,常用单位:kN/m^3。

土的重度一般采用环刀法测定,测得的是天然重度。

土的单位体积的质量称为土的密度,计算式为

$$\rho = \frac{m}{V} \tag{1-6}$$

式中　ρ——土的密度,常用单位:g/cm^3 或 t/m^3。

一般土的密度为 $1.60 \sim 2.20\ g/cm^3$。重力等于质量乘以重力加速度,因此重度与密度的关系为

$$\gamma = \frac{W}{V} = \frac{mg}{V} = \rho g \tag{1-7}$$

式中　g——重力加速度,$g = 9.81\ m/s^2 \approx 10\ m/s^2$。

因此,$\gamma = 9.8\rho \approx 10\rho$。例如,水的密度 $\rho = 1\ t/m^3$,水的重度 $\gamma_w = 10\ kN/m^3$。

2. 相对密度(G)

土的固体颗粒单位体积的重量与同体积 4 ℃时纯水的单位体积重量的比值,称为相对密度,计算式为

$$G = \frac{W_s}{V_s}\frac{1}{\gamma_w} \tag{1-8}$$

式中　G——土粒相对密度;

　　　γ_w——一个大气压下 4 ℃时纯水单位体积的重量,即水的重度,通常,$\gamma_w =$

10 kN/m^3。

颗粒相对密度可在实验室内用相对密度瓶测定。土粒相对密度主要取决于土的矿物成分。

3. 土的干重度(γ_d)、饱和重度(γ_{sat})和浮重度(γ')

单位体积土中固体颗粒部分的重量,称为土的干重度(γ_d):

$$\gamma_d = \frac{W_s}{V} \tag{1-9}$$

土孔隙中充满水时的单位体积重量,称为土的饱和重度(γ_{sat}):

$$\gamma_{sat} = \frac{W_s + V_v \gamma_w}{V} \tag{1-10}$$

当土浸没在水中或在水位以下时,土的固相受到水的浮力作用。土体扣除浮力以后单位体积固体颗粒的重量,称为土的浮重度或有效重度(γ'):

$$\gamma' = \frac{W_s - V_s \gamma_w}{V} = \frac{W_s - (V\gamma_w - V_v \gamma_w)}{V} = \gamma_{sat} - \gamma_w \tag{1-11}$$

4. 土的含水量(ω)

土中水的重量与固体颗粒重量之比,称为土的含水量或含水率(ω),以百分数表示:

$$\omega = \frac{W_w}{W_s} \times 100\% \tag{1-12}$$

一般来说,对于同类土,含水量越大,强度就越低。土的含水量用烘干法测定。

常用含水量评价粉土的湿度。

5. 土的饱和度(S_r)

土中水的体积与孔隙体积之比,称为土的饱和度(S_r),以百分数表示:

$$S_r = \frac{V_w}{V_v} \times 100\% \tag{1-13}$$

饱和度(S_r)越大,表明土孔隙中充水越多。根据饱和度可将土体划分为三种状态:$S_r < 50\%$,稍湿的;$S_r = 50\% \sim 80\%$,很湿的;$S_r > 80\%$,饱水的。

6. 土的孔隙比(e)与孔隙度(n)

土的孔隙比(e)是土中孔隙体积与土粒体积之比:

$$e = \frac{V_v}{V_s} \tag{1-14}$$

土的孔隙度(n)也称孔隙率,是指土中孔隙体积与土的总体积之比,一般用百分数表示:

$$n = \frac{V_v}{V} \times 100\% \tag{1-15}$$

土的孔隙比(e)与孔隙度(n)的换算关系为

$$e = \frac{n}{1 - n} \quad 或 \quad n = \frac{e}{1 + e} \tag{1-16}$$

土的孔隙比(e)与孔隙度(n)可用来评价土的密实程度,一般来说,$e < 0.75$ 为密实;$0.75 \leqslant e \leqslant 0.9$ 为中密;$e > 0.9$ 为稍密。

1.2.1.2　黏性土的物理特征

1. 黏性土的界限含水量

同一种黏性土随着含水量的不同,可分别处于不同的状态。含水量很小时,黏性土处于固态,比较坚硬,有较大的力学强度;随着含水量的增大,土逐渐变软,依次处于半固态、可塑状态及流动状态,其工程性质也相应发生很大变化,强度降低。

随着含水量变化,黏性土由一种稠度状态转变为另一种稠度状态,相应的转变点的含水量称为界限含水量。界限含水量一般用百分数表示。如图 1-

图 1-4　物理状态与含水量的关系

4 所示,黏性土由可塑状态转变到流动状态的界限含水量称为液限(ω_L);土由半固态转变到可塑状态的界限含水量称为塑限(ω_P);土由半固态不断蒸发水分,体积逐渐缩小,直到体积不再缩小时的界限含水量称为缩限(ω_S)。

2. 黏性土的塑性指数和液性指数

1) 塑性指数(I_P)

塑性指数(I_P)是液限(ω_L)和塑限(ω_P)的差值,即

$$I_P = \omega_L - \omega_P \tag{1-17}$$

显然,塑性指数越大,可塑性越强,土中黏粒含量越高。

2) 液性指数(I_L)

液性指数(I_L)是指黏性土的天然含水量和塑限的差值与塑性指数之比,即

$$I_L = \frac{\omega - \omega_P}{\omega_L - \omega_P} = \frac{\omega - \omega_P}{I_P} \tag{1-18}$$

I_L 值越大,土质越软。黏性土可根据液性指数(I_L)划分为坚硬、硬塑、可塑、软塑及流塑五种状态,见表 1-9。

表 1-9　黏性土状态分类

液性指数	状态	液性指数	状态
$I_L \leq 0$	坚硬	$0.75 < I_L \leq 1$	软塑
$0 < I_L \leq 0.25$	硬塑	$I_L > 1$	流塑
$0.25 < I_L \leq 0.75$	可塑		

1.2.1.3　内摩擦角(φ)、黏聚力(c)与库仑定律

内摩擦角(φ)和黏聚力(c)统称为土的抗剪强度指标,是土体抗剪强度的特征参数,也是土体力学强度的主要指标。

土的内摩擦角(φ)是土颗粒抗剪强度的内在能力,反映了土的摩擦特性,一般认为其包含两部分:①土颗粒表面的摩擦力;②颗粒间的嵌入与联锁作用产生的咬合力。其值等于砂土在松散状态时的天然休止角(α),参见图 1-5。内摩擦角增大,天然休止角(α)也随之增大。如果 $\alpha < \varphi$,则安全系数 $K > 1$,土坡就是稳定的。

黏聚力(c),又称内聚力,是土体内部结构内聚力的反映。黏聚力包括:①原始内聚力;②固化内聚力;③毛细内聚力。不同的土体黏聚力不同,无黏性土颗粒(砂类土)只有

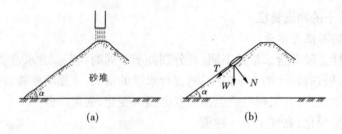

图 1-5　无黏性土(砂类土)坡的天然休止角

摩擦力,没有黏聚力,即洁净的干砂,其黏聚力 $c=0$。

土的抗剪强度(τ)、内摩擦角(φ)和黏聚力(c)三者之间的关系可用库仑定律(亦称剪切定律)表示(见图 1-6):

黏性土(细粒土)　　　　　　$\tau_f = \sigma \tan\varphi + c$　　　　　　　　(1-19)

无黏性土(砂类土,粗粒土)　$\tau_f = \sigma \tan\varphi$　　　　　　　　(1-20)

式中　τ_f——土的抗剪强度;

　　　σ——剪切面上的法向应力;

　　　c——土的黏聚力;

　　　φ——土的内摩擦角;

　　　$\sigma \tan\varphi$——土的内摩擦力。

土的抗剪强度 τ_f 随垂直压力变化而变化,但对一定的土而言,内摩擦角 φ 和黏聚力 c 是常数,故将内摩擦角(φ)和黏聚力(c)统称为土的抗剪强度指标。

在实验室,在一定压力 σ(一般为 4 个不同压力)和试验条件下,可测得土的抗剪强度 τ_f,根据试验数据,以抗剪强度 τ_f 为纵坐标,以垂直压力 σ 为横坐标绘制 τ_f—σ 关系曲线(见图 1-7),直线的倾角就是土的内摩擦角 φ,直线在纵坐标轴上的截距就是黏聚力 c。

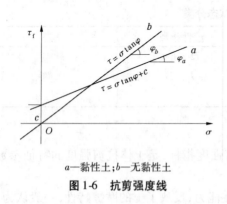

a—黏性土;b—无黏性土
图 1-6　抗剪强度线

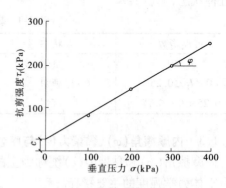

图 1-7　剪切试验实测曲线

1.2.2　原位试验及其特征指标

为了更准确、全面地获得岩土的物理性质指标,也常进行野外原位试验。原位试验是指直接在现场地基土层中进行的试验。原位测试主要指野外现场试验。由于试验土体的体积大,所受的扰动小,测得的指标有较好的代表性。原位测试主要包括静力载荷试验、静力触探试验、圆锥动力触探试验、标准贯入试验、十字板剪切试验等。

　　静力载荷试验是最常用的原位试验。在试坑内对地基土分别施加不同等级的荷载，测得不同的沉降量，可得到各级荷载(p)与沉降量(s)曲线。据此可确定地基土的比例界限荷载(p_0)。常用的野外原位试验及其应用见表1-10。

表 1-10　常用的野外原位试验及其应用

测试方法	特征指标	主要工程应用	适用土类
标准贯入试验	标准贯入击数 N	1. 确定砂土密实度 2. 评价地基土液化势 3. 确定土层液化影响折减系数（用于桩基）	砂土、粉土、一般黏性土
轻型动力触探试验	N_{10}	1. 施工验槽 2. 填土勘查 3. 局部软土、洞穴勘查	浅层的填土、砂土、粉土和黏性土
重型和超重型触探试验	$N_{63.5}$，N_{120}	1. 评价碎石土的密实度 2. 评价场地的均匀性和地基承载力	砂土、碎石土、极软岩和软岩
静力触探试验 单桥探头 双桥探头	比贯入阻力 p_s 侧壁阻力 q_s 锥底阻力 q_p	1. 评价土的密实度或塑性状态 2. 评价地基土承载力 3. 估算单桩承载力 4. 评价地基土液化势	软土、一般黏性土、粉土、砂土、含少量碎石的土
平板载荷试验	变形模量 E 临塑荷载（比例界限）p_{cr} 极限荷载 p_u	1. 地基变形计算 2. 评价地基承载力	各种土和软质岩
旁压试验	旁压模量 E_p 旁压临塑荷载 p_{crh} 极限荷载 p_{uh}	1. 地基变形计算 2. 评价地基承载力	各种土和软质岩
十字板剪切试验	不排水抗剪强度 τ_f	1. 不排水强度 2. 评价地基承载力 3. 求地基土灵敏度	饱和软黏性土
大型直剪试验	岩土的抗剪强度指标 c、φ 结构面和接触面的摩擦系数 f	1. 评价地基承载力 2. 评价地基稳定性	粗粒土及含大量粗颗粒的土、软质岩

1.3　土的工程分类与地基类型

1.3.1　土的工程分类

土可以从不同角度进行分类,通常根据颗粒级配和塑性指数分类。

1.3.1.1　根据颗粒级配和塑性指数分类

(1)碎石土:碎石类土按表 1-11 进行分类。

表 1-11　碎石土分类

土的名称	颗粒形状	颗粒级配
漂石	圆形及亚圆形为主	粒径大于 200 mm 的颗粒质量超过总质量的 50%
块石	棱角形为主	
卵石	圆形及亚圆形为主	粒径大于 20 mm 的颗粒质量超过总质量的 50%
碎石	棱角形为主	
圆砾	圆形及亚圆形为主	粒径大于 2 mm 的颗粒质量超过总质量的 50%
角砾	棱角形为主	

(2)砂土:砂土按表 1-12 进行分类。

表 1-12　砂土分类

土的名称	颗粒级配
砾砂	粒径大于 2 mm 的颗粒质量超过总质量的 25% ~50%
粗砂	粒径大于 0.5 mm 的颗粒质量超过总质量的 50%
中砂	粒径大于 0.25 mm 的颗粒质量超过总质量的 50%
细砂	粒径大于 0.075 mm 的颗粒质量超过总质量的 85%
粉砂	粒径大于 0.075 mm 的颗粒质量超过总质量的 50%

注:定名时应根据颗粒级配由大到小以最先符合者确定。

(3)粉土:指粒径大于或等于 0.075 mm 的颗粒不超过总质量的 50%,且塑性指数 I_P ≤10 的土。根据颗粒级配(黏粒含量),又可分为砂质粉土和黏质粉土。

砂质粉土:粒径小于 0.005 mm 的颗粒含量不超过总质量的 10%。

黏质粉土:粒径小于 0.005 mm 的颗粒含量超过总质量的 10%。

(4)黏土:指塑性指数 I_P >10 的土。根据塑性指数又可进一步分为粉质黏土和黏土。

粉质黏土:10 < I_P ≤17;

黏土:I_P >17。

(5)特殊性土:具有一定分布区域或工程意义上具有特殊成分、状态和结构特征的土。通常分为软土、湿陷性黄土、红黏土、膨胀土、盐渍土、冻土、填土、污染土。

1.3.1.2　其他分类

（1）按堆积年代划分：①老堆积土。第四纪晚更新世（Q_3）及其以前堆积的土层，一般呈固结状态，具有较高的结构强度。②一般堆积土。第四纪全新世早期（Q_4^1）堆积的土层，一般为松散堆积。③新近堆积土。第四纪全新世晚期（Q_4^2）堆积的土层，新近松散堆积，结构强度较低。

（2）根据地质成因划分：残积土、坡积土、洪积土、冲积土、湖积土、海积土、冰渍土、冰水沉积土和风积土。

（3）根据有机质含量划分：无机土、有机质土、泥炭质土、泥炭。

1.3.2　地基类型

1.3.2.1　天然地基

1. 土质地基

在漫长的地质年代中，岩石经历风化、剥蚀、搬运、沉积形成土。土质地基主要是第四纪松散沉积物。

土质地基承受建筑物荷载时，土体内部的剪应力不得超过土体的抗剪强度，并由此确定地基土体的承载力。

2. 岩石地基

岩石地基可分为岩浆岩地基、沉积岩地基和变质岩地基。岩石地基一般强度较大，大多满足承载力要求，但风化岩石强度较低。

3. 特殊土地基

特殊土地基主要是指湿陷性黄土地基、膨胀土地基、冻土地基、红黏土地基。这几种地基土性质较差，须做地基处理。

1.3.2.2　人工地基

天然地基如果不能满足承载力要求，必须对天然地基进行处理。经过人工处理的地基称为人工地基。

一般对软土地基和松散地基（回填土、杂填土、松软砂）都要进行人工处理和加固。处理方法主要有置换、夯实、挤密、排水、胶结、加筋、打桩和化学处理等。

人工地基一般是在基础工程施工以前，根据地基土的类别、加固深度、上部结构要求、周围环境条件、材料来源、施工工期、施工技术与设备条件进行地基处理方案的选择、设计，力求达到方法先进、经济合理。

1.4　基础类型

1.4.1　浅基础

1.4.1.1　单独基础

建筑框架柱下或桥墩下一般都是单独基础（又称独立基础），见图 1-8。有时墙下设置单独基础，在混凝土顶面设置钢筋混凝土基础梁，并于梁上砌砖墙体，见图 1-9。

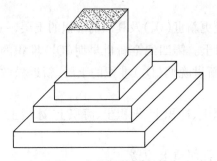

图 1-8　柱下单独基础

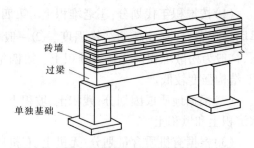

图 1-9　墙下单独基础(有钢筋混凝土过梁)

单独基础采用抗弯、抗剪强度低的砌体材料(砖、毛石、素混凝土等)且满足刚度要求时,通常称为刚性基础或无筋扩展基础。

采用抗弯、抗剪强度高的钢筋混凝土材料时,称为柱下钢筋混凝土独立基础。

相邻两柱设立独立基础时,常因其中一柱靠近建筑界限,或因两柱间距较小,而出现基底底面面积不足或荷载偏心过大问题,此时可考虑采用钢筋混凝土双柱联合基础,见图 1-10。

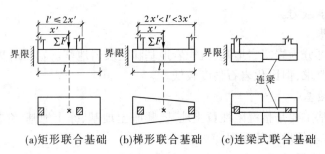

(a)矩形联合基础　(b)梯形联合基础　(c)连梁式联合基础

图 1-10　典型的双柱联合基础

1.4.1.2　条形基础

当柱的荷载过大、地基承载力不足时,可将单独基础底面联结形成柱下条形基础,承受一排柱列的总荷载,见图 1-11;也常采用墙下条形基础,见图 1-12。

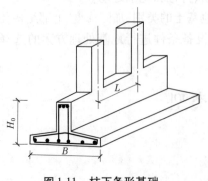

图 1-11　柱下条形基础

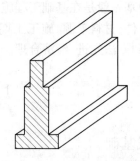

图 1-12　墙下条形基础

柱下单独基础和墙下条形基础统称为扩展基础。扩展基础的作用是把墙或柱的荷载侧向扩展到土中,使之满足地基承载力和变形的要求。

扩展基础包括无筋扩展基础和钢筋混凝土扩展基础。也就是说,扩展基础包括柱下无筋扩展基础和柱下钢筋混凝土扩展基础;也包括墙下无筋扩展基础和墙下钢筋混凝土扩展基础。

1.4.1.3　十字交叉基础(柱下交叉梁基础)

柱下条形基础在柱网纵横交会处交叉,形成十字交叉基础,或称柱下交叉梁基础(见图 1-13)。当地基软弱、柱网的柱荷载不均匀时,多采用此类型基础。

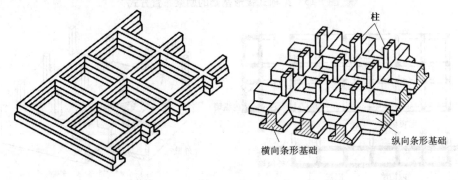

图 1-13　十字交叉基础(柱下交叉梁基础)

1.4.1.4　筏形基础和箱形基础

1. 筏形基础

砌体结构房屋的墙底部、框架柱底部全部用钢筋混凝土平板或带梁板覆盖全部地基土体,做成一片连续的钢筋混凝土板,称为筏形基础。柱下筏形基础可分为平板式和梁板式两种,见图 1-14。梁板式筏形基础的肋梁布置方式有三种,见图 1-15。

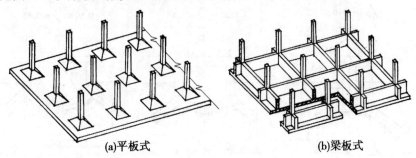

(a)平板式　　　　　　　　　　　　　(b)梁板式

图 1-14　柱下筏形基础

筏形基础由于其底面面积大,故可减小基地压力,同时可提高土的承载力,并能有效增强基础的整体性,调整不均匀沉降。缺点是经济指标较高。

2. 箱形基础

箱形基础是由钢筋混凝土的底板、顶板和内外纵横墙体组成的格式空间结构(见图 1-16)。

箱形基础埋深大、整体刚度好,高层建筑人防工程通常是箱形基础。箱形基础的中空结构形式,使得基坑自重小于开挖基坑卸去的土重,基础底面的附加压力值 P_0 将比实体

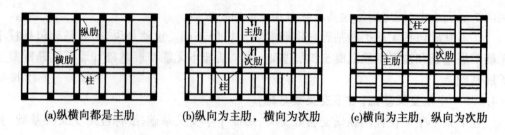

(a)纵横向都是主肋   (b)纵向为主肋，横向为次肋   (c)横向为主肋，纵向为次肋

图 1-15　梁板式筏形基础的肋梁布置方式

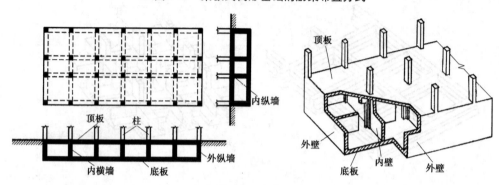

图 1-16　箱形基础

基础小,减小了基础沉降量。缺点是施工技术复杂、工期长、造价高。

1.4.1.5　壳基础

为改善基础的受力性能,发挥混凝土抗压性能好的特性,可以将基础的形式做成壳体(见图 1-17)。壳体基础可用作柱基础和筒形构筑物(如烟囱、水塔、高炉等)的基础。

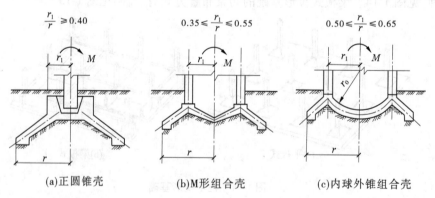

(a)正圆锥壳   (b)M形组合壳   (c)内球外锥组合壳

图 1-17　壳体基础的结构形式

1.4.2　深基础

1.4.2.1　桩基础

桩基础是将上部结构荷载通过桩穿过较弱土层传递给下部坚硬土层的基础形式。它由若干根桩和承台两个部分组成。

桩是全部或部分埋入地基土中的钢筋混凝土柱体或其他材料柱体。

承台是框架柱下或桥墩、桥台下的锚固端和桩顶的箍体,其作用是上部荷载传递给各桩,使其共同承受外力(见图 1-18)。

桩基础类型:①按承台位置可分为低承台桩基础、高承台桩基础(见图 1-19);②按受力条件可分为端承型桩、摩擦型桩;③按施工条件可分为预制桩、灌注桩;④按挤土效应可分为大量排土桩、小量排土桩和不排土桩。

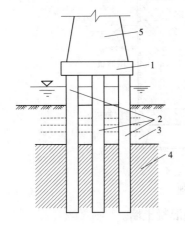

1—承台;2—基础;3—松软土层;4—持力层;5—墩身

图 1-18　桩基础

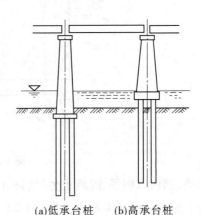

(a)低承台桩　　(b)高承台桩

图 1-19　低承台桩基础和高承台桩基础

1.4.2.2　沉井基础和沉箱基础

1.沉井基础

沉井是井筒状的结构,见图 1-20。它先在地面预定位置或在水中筑岛处预制井筒结构,然后在井内挖土,依靠自重克服井壁摩阻力下沉至设计标高,经混凝土封底并填塞井内部,使其成为建筑物深基础。沉井既是基础,又是施工时挡水和挡土围堰结构物,在桥梁工程中得到较广泛应用。

2.沉箱基础

沉箱是一个有盖无底的箱形结构(见图 1-21)。在水下施工时,为了保持箱内无水,须压入压缩空气将水排

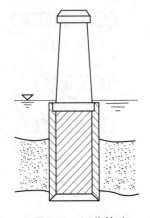

图 1-20　沉井基础

出,使箱内保持的压力在沉箱刃脚处与静水压力平衡,因而又称为气压沉箱。沉箱下沉到设计标高后用混凝土将箱内部的井孔灌实,成为建筑物的深基础。

1.4.2.3　地下连续墙深基础

地下连续墙是基坑开挖时,防治地下水渗流入基坑,支挡侧壁土体坍塌的一种基坑支护形式或直接承受上部结构荷载的深基础形式。

地下连续墙是在泥浆护壁条件下,使用开槽机械,在地基中按建筑物平面的墙体位置

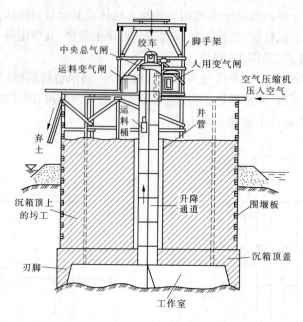

图 1-21　沉箱基础

形成深槽,槽内以钢筋、混凝土为材料构成地下钢筋混凝土墙。

地下连续墙的平面形式参见图1-22。地下连续墙在桥梁基础、高层建筑箱基、地下车库、地铁车站、码头等工程中有所应用。

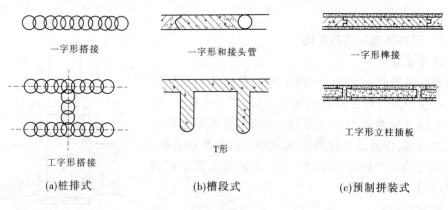

图 1-22　地下连续墙的平面形式

1.5　地基、基础与上部结构共同工作

1.5.1　共同工作的概念

砌体结构的多层房屋由于不均匀沉降而产生开裂,见图1-23。上部结构、基础、地基三者相互联系,整体承担荷载并发生变形。

上部结构对基础不均匀沉降或挠曲变形的抵抗能力称为上部结构的刚度。

（1）柔性结构：整个承重体系对基础不均匀沉降有很大的顺从性。例如，房屋—柱—基础为承重体系的结构和排架结构。

（2）敏感结构：整个承重体系对基础不均匀沉降反映较强烈的结构。例如，砖石砌体承重结构、钢筋混凝土框架结构等。

（3）刚性结构：整个承重体系刚度很大的结构。例如，水塔、高炉等。

地基与基础是相互联系的，有以下特点：

（1）柔性基础：基础的挠度曲线为中部大、边缘小，见图1-24（a）。

（2）刚性基础：沉降后基础底面仍保持平面，见图1-24（b）。

图 1-23　不均匀沉降引起砌体开裂

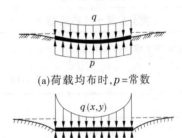

(a)荷载均布时,p=常数

(b)沉降均匀时,$p \neq$常数

图 1-24　柔性基础的基底反力和沉降

1.5.2　线性变形体的地基模型

1.5.2.1　文克勒地基模型

1867 年，加拿大科学家文克勒提出土体表面任一点的压力强度与该点的沉降成正比的假设，即

$$P = ks \qquad (1-21)$$

式中　P——土体表面某点单位面积上的压力，kN/m^2；

　　　s——相应于某点的竖向位移，m；

　　　k——基床系数，kN/m^3，其值见表 1-13、表 1-14。

当地基土软弱（如淤泥、软黏土）或地基的压缩层较薄时，可用文克勒地基模型进行计算。

表 1-13 基床系数 k 的经验值

土的类别	基床系数 k(万 kN/m³)
弱淤泥质或有机土	5 000 ~ 10 000
黏性土	
软弱状态	10 000 ~ 20 000
可塑状态	20 000 ~ 40 000
硬塑状态	40 000 ~ 100 000
砂土	
松散状态	10 000 ~ 15 000
中密状态	15 000 ~ 25 000
密实状态	25 000 ~ 40 000
中密的砾石土	25 000 ~ 40 000
黄土及黄土状粉质黏土	40 000 ~ 50 000

注:本表适用于建筑物面积大于 10 m²。

表 1-14 Bowles 提出的 k 值范围

土类	k(kN/m³)
松砂	4 800 ~ 16 000
中等密实砂	9 600 ~ 8 000
密实砂	64 000 ~ 12 800
中密的黏质砂土	32 000 ~ 80 000
中密粉砂	24 000 ~ 48 000
黏土:	
$q_u \leqslant 200$ kPa	12 000 ~ 24 000
$200 < q_u \leqslant 400$ kPa	24 000 ~ 48 000
$q_u > 400$ kPa	>48 000

注:q_u 为土的无侧限抗压强度。

1.5.2.2 弹性半空间地基模型

设矩形荷载面积 $b \times c$ 作用均布荷载 p(见图 1-25),将坐标原点置于矩形面积的中心点 j,可求得 x 轴上 i 点的竖向位移为

$$y_{ij} = \frac{1 - v^2}{\pi E} p b F_{ij} \qquad (1-22)$$

式中 y_{ij}——x 轴上 i 点的竖向位移;

p——均布荷载;

b——基础底面的宽度；

E——弹性材料的弹性模量；

υ——弹性材料的泊松比（岩土在
轴向压力作用下，横向应变
ε_x 与纵向应变 ε_z 的比值，
$\upsilon = \varepsilon_x / \varepsilon_z$）；

F_{ij}——系数。

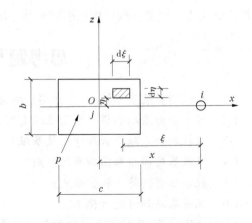

图 1-25 弹性半空间体的位移计算

1.5.2.3 分层地基模型

天然土体具有分层的特点，每层土
的压缩性不同。在基底荷载作用下，土
层中应力扩散范围随深度增加而扩大，
附加应力数值减小，当该数值引起的地
基沉降值小于有关规定时，该深度即为地基的有限压缩层厚度。

分层地基模型亦称有限压缩模型，它根据土力学中分层总和法求解基础沉降的基本
原理求解地基的变形，使其结果更符合实际，计算式为

$$s = \sum_{i=1}^{n} \frac{\overline{\sigma_{zi}} \Delta H_i}{E_{si}} \qquad (1\text{-}23)$$

式中 $\overline{\sigma_{zi}}$——第 i 土层的平均附加应力，kN/m^2；

E_{si}——第 i 土层的压缩模量，kN/m^2；

ΔH_i——第 i 土层的厚度，m；

n——压缩层深度范围内的土层数。

采用数值法计算时，可按图 1-26 将基础底面划分为 n 个单元，设地基 j 单元作用集中
附加应力 $F_j = 1$，则有：

$$f_{ij} = \sum_{k=1}^{m} \frac{\sigma_{kij} \Delta H_{ki}}{E_{ski}} \qquad (1\text{-}24)$$

式中 f_{ij}——单位力作用下 i 单元中点沉降
值，m；

ΔH_{ki}——i 单元下第 k 土层的厚度，m；

σ_{kij}——i 单元中点下第 k 土层中点产
生的附加应力；

E_{ski}——i 单元第 k 土层的压缩模量，
kN/m^2；

m——i 单元下的土层数。

根据叠加原理，i 单元中点的沉降 s_i 为基
底各单元压力分别在该单元引起的沉降之和，即

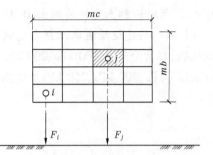

图 1-26 基础底面计算单元划分

$$s_i = \sum_{i=1}^{n} f_{ij} F_{ij} \qquad (1\text{-}25)$$

分层地基模型改进了弹性半空间地基模型土体均质的假设，更符合工程实际情况，因

而被广泛应用。模型参数可由压缩试验结果取值。

思考题与习题

1-1　试说明扩展基础概念,包括哪些类型?

1-2　柱下条形基础和梁下条形基础有何区别?

1-3　双柱联合基础是否属于扩展基础?

1-4　筏板基础和箱形基础有何区别?

1-5　柱基础有何特点和优缺点?

1-6　沉井基础如何进行施工?

1-7　试述地基、基础与上部结构共同工作的概念。

1-8　试述持力层与下卧层的概念。

1-9　试述地基承载力的概念。如何确定?

1-10　如何确定钢筋混凝土条形基础?

1-11　在野外采集一份土样放置于容量为 75.0 cm^3 的容器中。在天然含水量条件下,土样的质量为 150.79 g。土样饱水后的质量为 153.67 g,土样在重力排水后的质量为 133.67 g,土样烘干后的质量为 126.34 g。所有测量均在 20 ℃下进行,此时水的密度为 0.998 g/cm^3。试计算土样的孔隙度、含水量、饱和度和干重度。(参考答案:土样的孔隙度 $n = 36.51\%$;含水量 $\omega = 19.35\%$;饱和度 $S_r = 0.895$;干重度 $\gamma_d = 16.48\ kN/m^3$)

1-12　有一完全饱和的原状土样切满于容积为 21.7 cm^3 的环刀内,称得总质量为 72.49 g,经 105 ℃烘干至恒重为 61.28 g,已知环刀质量为 32.54 g,土粒的相对密度为 2.74,试求该土样的重度、含水量、干重度及孔隙比。(参考答案:重度 $\gamma = 18.06\ kN/m^3$;含水量 $\omega = 39.0\%$;干重度 $\gamma_d = 12.99\ kN/m^3$;孔隙比 $e = 1.069$)

1-13　某一完全饱和黏性土样的含水量为 30%,液限为 33%,塑限为 17%,试按塑性指数和液性指数定出该黏土的分类名称和软硬状态。(参考答案:$I_P = 16$,$I_L = 0.81$;$10 < I_P < 17$,所以该黏土为粉质黏土;$0.75 < I_L < 1.0$,因此该黏土的状态为软塑)

1-14　某建设场地取土样在室内进行剪切试验,同一岩性进行了四组不同压力的剪切试验,压力分别为 100 kPa、200 kPa、300 kPa、400 kPa,测得其对应的抗剪强度分别为 80 kPa、145 kPa、200 kPa、250 kPa。试根据此试验数据,求出内摩擦角(φ)和黏聚力(c)。

第 2 章　刚性基础与扩展基础

2.1　概　述

2.1.1　刚性基础的构造要求

刚性基础是用素混凝土、砖、毛石等材料修筑的基础。其特点是:抗压强度较大,抗弯、抗剪强度较低。

结构受力分析:靠近柱、墙边或断面高度突然变化的台阶边缘处容易产生弯曲破坏。

构造要求:基础每个台阶的宽度与高度之比都不超过相应的允许值。

每个台阶的宽度与高度的比值如图 2-1 中所示 α_{max} 的正切值。台阶宽高比的允许值

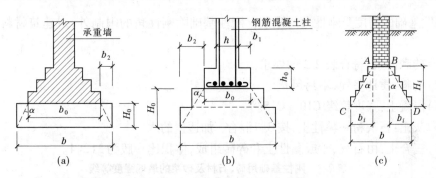

图 2-1　无筋扩展基础构造示意图

所对应的角度 α_{max} 称为刚性角。宽高比应符合下式要求:

$$\frac{b_i}{H_i} \leqslant \tan\alpha \tag{2-1}$$

式中　α——刚性角,按表 2-1 取值;

　　　b_i——任一台阶的外延宽度,m;

　　　H_i——对应台阶的高度,m。

表 2-1　无筋扩展基础台阶宽高比的允许值

基础材料	质量要求	台阶宽高比的允许值		
		$P_k \leqslant 100$	$100 < P_k \leqslant 200$	$200 < P_k \leqslant 300$
混凝土基础	C15 混凝土	1:1.00	1:1.00	1:1.25
毛石混凝土基础	C15 混凝土	1:1.00	1:1.25	1:1.50
砖基础	砖不低于 MU10,M5 砂浆	1:1.50	1:1.50	1:1.50

续表 2-1

基础材料	质量要求	台阶宽高比的允许值		
		$P_k \leqslant 100$	$100 < P_k \leqslant 200$	$200 < P_k \leqslant 300$
毛石基础	M5 砂浆	1:1.25	1:1.50	—
灰土基础	体积比为 3:7 或 2:8 的灰土,其最小干密度:粉土 1.55 t/m³;粉质黏土 1.50 t/m³;黏土 1.45 t/m³	1:1.25	1:1.50	—
三合土基础	体积比为 1:2:4 ~ 1:3:6(石灰:砂:骨料),每层约虚铺 220 m,夯至 150 mm	1:1.50	1:2.00	—

注:1. P_k 为荷载效应标准组合时基础底面处的平均压力值,kPa;

　　2. 阶梯形毛石基础的每阶伸出宽度,不宜大于 200 mm;

　　3. 当基础由不同材料叠合组成时,应对接触部分做抗压验算;

　　4. 对于混凝土基础,当基础底面处的平均压力值超过 300 kPa 时,还应进行抗剪验算。

刚性基础的高度受刚性角的限制。刚性基础除刚性角的限制外,对建筑材料也有一定要求。

(1)砖和砂浆:符合表 2-2 的要求。

(2)石料:质地坚硬,不易风化。

(3)混凝土:强度等级 C10 ~ C15。

(4)灰土:石灰粉和黏性土,按 3:7 混合,加适量的水。

(5)三合土:由石灰、砂或黏性土和碎砖组成,体积比一般为 1:2:4。

表 2-2　刚性基础用砖、石材及砂浆的最低强度等级

地基的潮湿程度	黏土砖		石材	白灰、水泥混合砂浆	水泥砂浆
	严寒地区	一般地区			
稍潮湿的	MU10	MU7.5	MU20	M2.5	M2.5
很潮湿的	MU15	MU15	MU20	M5	M5
含水饱和的	MU20	MU20	MU30	—	M5

2.1.2　钢筋混凝土扩展基础的构造要求

钢筋混凝土独立基础和墙下钢筋混凝土条形基础,统称为钢筋混凝土扩展基础。

钢筋混凝土扩展基础的抗弯性能和抗剪性能良好,可在竖向荷载较大、地基承载力不高的情况下使用。

2.1.2.1　墙下钢筋混凝土条形基础

墙下钢筋混凝土条形基础是砌体承重结构及挡土墙、涵洞下常用的基础形式,其构造如图 2-2 所示。

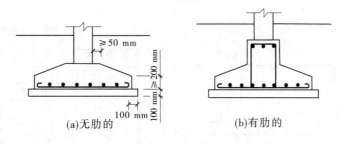

图 2-2 墙下钢筋混凝土条形基础

2.1.2.2 柱下钢筋混凝土独立基础

建(构)筑物中的柱下、桥梁的桥墩常采用钢筋混凝土独立基础,其构造如图 2-3 所示,其中图 2-3(a)、(b)是现浇柱基础,图 2-3(c)是预制柱基础(杯口基础)。

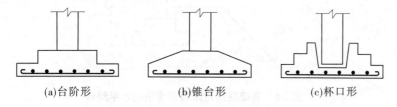

图 2-3 柱下钢筋混凝土独立基础

2.2 基础埋置深度的选择

确定基础的埋置深度是地基基础设计中的重要步骤,它涉及建筑物的牢固、稳定及正常使用问题。

基础埋置深度一般是指基础底面到室外设计地面的距离,简称基础埋深(d)。

确定基础埋置深度的原则如下:

(1)必须考虑将基础设置在压缩性小、承载力较高的持力层上。

(2)在保证安全可靠的前提下,尽量浅埋,但不宜小于 0.5 m。

(3)基础顶面距设计地面的距离宜大于 0.1 m,尽量避免基础外露,遭受外界的侵蚀和破坏。

2.2.1 建筑物的结构条件和场地环境条件

建筑物的结构条件包括建筑物用途、类型、规模与性质。某些建筑物需要具备一定的使用功能或宜采取某种基础形式。例如,是否有地下室、设备层、人防工程等。

相邻两基础的埋深应满足图 2-4 的要求,否则应按埋深大的基础统一考虑。

如果同一建筑物各部分基础埋深要求不同,则应将基础做成台阶形逐步过渡。台阶的宽高比为 2∶1,每阶高度不超过 500 mm,如图 2-5 所示。

位于稳定土坡坡顶上的建筑,其基础底面边缘线至坡顶的水平距离(见图 2-6)应符合式(2-2)、式(2-3)的要求,但不得小于 2.5 m。

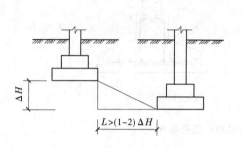

图2-4　相邻两基础的埋深

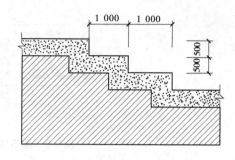

图2-5　台阶过渡基础　（单位:mm）

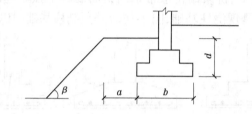

图2-6　基础底面边缘线至坡顶的水平距离

条形基础：

$$a \geqslant 3.5b - \frac{d}{\tan\beta} \tag{2-2}$$

矩形基础：

$$a \geqslant 2.5b - \frac{d}{\tan\beta} \tag{2-3}$$

2.2.2　工程地质条件

地质条件是影响基础埋置深度的重要因素之一。通常地基由多层土组成,直接支撑基础的土层(地基上部第一土层)称为持力层,其下的各土层称为下卧层(见图2-7)。

当上层土的承载力低于下层土时,若取下层为持力层,所需基地面积较小而埋深较大;而取上层为持力层则情况恰好相反。此时,应做方案比较后确定。

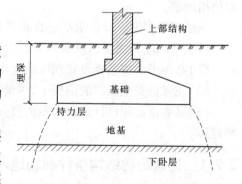

图2-7　基础的持力层与下卧层

当地基土在水平方向很不均匀时,同一建筑物的基础埋深可不相同,如图2-5所示。

基础在风化岩石层中的埋深应根据岩石层的风化程度、冲刷深度及相应的承载力来确定。

2.2.3　水文地质条件

当有地下水时,基础底面应尽量埋置在地下水位以上。

有承压水时,必须控制基坑开挖的深度,使承压含水层顶部的静水压力 u 小于坑底土覆盖层总压力 σ(见图 2-8),宜取 $u/\sigma <$ 0.7。其中:

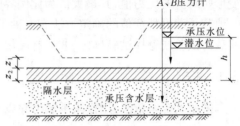

图 2-8　基坑下埋藏有承压含水层的情况

$$u = \gamma_w h$$

$$\sigma = \sum \gamma_i z_i$$

式中　γ_w——水的重度;

　　　γ_i——土的重度;

　　　z_i——各土层厚度。

2.2.4　地基冻融条件

当地基土的温度处于负温时,其中含有冰的各种土称为冻土。冻土又分为多年冻土和季节性冻土。

在季节性冻土地区,土体出现冻胀(体积增大)和融沉(土体下陷)。土体冻胀会使建筑物基础和路基隆起、鼓包、开裂、错断等;土体融沉会使建筑物开裂、倾斜,甚至倒塌。

粗粒土因不含结合水,一般不发生冻融;细粒黏性土冻融性强。

地基土的冻胀性分为五类:不冻胀、弱冻胀、冻胀、强冻胀、特强冻胀。

季节性冻土地基的场地冻结深度可按下式计算:

$$z_d = z_0 \psi_{zs} \psi_{zw} \psi_{zc} \qquad (2\text{-}4)$$

式中　z_d——场地冻结深度;

　　　z_0——标准冻深(如郑州 0.5 m,北京 0.8~1.0 m,哈尔滨 1.8 ~ 2.0 m 等);

　　　ψ_{zs}——土类别对冻结深度的影响系数;

　　　ψ_{zw}——土的冻胀性对冻结深度的影响系数;

　　　ψ_{zc}——环境对冻结深度的影响系数。

对于埋置于可冻胀土中的基础,其最小埋置深度可按下式计算:

$$d_{min} = z_d - h_{max} \qquad (2\text{-}5)$$

式中　h_{max}——基础底面下允许(残留)冻土层的最大厚度。

2.3　地基承载力

地基承载力是指地基土单位面积上承受荷载的能力。确定基础的底面面积,须先确定地基的承载力。

各级各类建筑物浅基础的地基承载力验算均应满足下列要求:

$$P_k \leqslant f_a \qquad (2\text{-}6)$$

$$P_{kmax} \leqslant 1.2 f_a \qquad (2\text{-}7)$$

式中　P_k——基础底面处的平均压力值,kPa;

　　　P_{kmax}——基础底面边缘的最大压力值,kPa;

　　　f_a——修正后的地基承载力特征值,kPa。

地基承载力特征值(f_a)：由载荷试验测定的地基土压力变形曲线线性变形段内规定的变形所对应的压力值，其最大值为比例界限值。

地基承载力特征值的确定方法有三种：①按土的抗剪强度指标以理论公式计算；②按地基载荷试验或触探试验确定；③按有关规范提供的承载力或经验公式确定。

2.3.1　按土的抗剪强度指标确定

多采用安全系数法，用极限承载力除以安全系数。安全系数(K)的计算式为

$$K = \frac{P_u A'}{f_a A} \tag{2-8}$$

式中　K——安全系数；

　　　A'——与土接触的有效基底面面积；

　　　P_u——地基土极限承载力；

　　　A——基底面面积；

　　　f_a——地基承载力特征值。

安全系数取值与建筑物的安全等级、荷载性质、土的抗剪强度指标的可靠度及地基条件等因素有关，一般取 $K = 2 \sim 3$。

2.3.2　按地基载荷试验确定

载荷试验是工程地质勘察工作中的一项原位测试，参见图2-9。它是在拟建建筑场地上，挖一试坑，在坑底放置一个方形或圆形承压板，在其上逐级施加荷载(p)，测定其稳定沉降量(s)，得到 p—s 曲线，见图2-10。

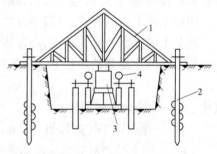

1—桁架；2—地锚；3—千斤顶；4—位移计

图 2-9　载荷试验

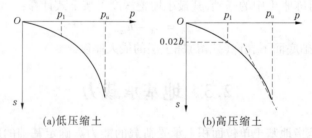

(a)低压缩土　　　　　(b)高压缩土

图 2-10　按载荷试验成果确定地基承载力特征值

（1）对密实砂土、较硬的黏性土等低压缩土，p—s 曲线有明显的直线段和极限值，曲线为陡降型。取图2-10中的 p_1（比例界限荷载）作为承载力特征值。

（2）对于松砂、较软的黏性土等高压缩性土，p—s 曲线为缓变型，取 $s/b = 0.02$（b 为承压板宽度）所对应的载荷为承载力特征值。

2.3.3 按承载力公式确定

荷载偏心距 $e < 0.033b$（b 为偏心方向基础边长）时，可采用下式计算地基承载力特征值（f_a）：

$$f_a = M_b\gamma b + M_d\gamma_m d + M_c c_k \tag{2-9}$$

式中　f_a——地基承载力特征值，kPa；

　　　M_b、M_d、M_c——承载力系数，见表 2-3，根据 φ_k 查取，φ_k 为基底下 1 倍短边宽度的深度范围内土的内摩擦角，(°)；

　　　b——基础底面宽度，大于 6 m 时按 6 m 取值，小于 3 m 时按 3 m 计；

　　　d——基础埋置深度，m；

　　　c_k——基底下 1 倍短边宽度的深度范围内的土的黏聚力，kPa；

　　　γ——基础底面以下土的重度，kN/m³；

　　　γ_m——基础埋深范围内各土层的加权平均重度，kN/m³。

表 2-3　承载力系数 M_b、M_d、M_c

土的内摩擦角标准值 φ_k(°)	M_b	M_d	M_c	土的内摩擦角标准值 φ_k(°)	M_b	M_d	M_c
0	0	1.00	3.14	22	0.61	3.44	6.04
2	0.03	1.12	3.32	24	0.80	3.87	6.45
4	0.06	1.25	3.51	26	1.10	4.37	6.90
6	0.10	1.39	3.71	28	1.40	4.93	7.40
8	0.14	1.55	3.93	30	1.90	5.59	7.95
10	0.18	1.73	4.17	32	2.60	6.35	8.55
12	0.23	1.94	4.42	34	3.40	7.21	9.22
14	0.29	2.17	4.69	36	4.20	8.25	9.97
16	0.36	2.43	5.00	38	5.00	9.44	10.80
18	0.43	2.72	5.31	40	5.80	10.84	11.73
20	0.51	3.06	5.66				

当基础宽度大于 3 m 或埋置深度大于 0.5 m 时，由载荷试验或其他原位测试、经验值等方法确定的地基承载力特征值，应按下式进行基础宽度和深度修正：

$$f_a = f_{ak} + \eta_b\gamma(b - 3) + \eta_d\gamma_m(d - 0.5) \tag{2-10}$$

式中　f_a——修正后的地基承载力特征值，kPa；

　　　f_{ak}——由载荷试验或其他原位测试、经验值等方法确定的地基承载力特征值，kPa；

　　　η_b、η_d——地基宽度和埋深的地基承载力修正系数，按基底下土的类别查表 2-4 取值；

　　　b——基础底面宽度，小于 3 m 时按 3 m 计，大于 6 m 时按 6 m 取值；

　　　d——基础埋置深度，m；

其他符号含义同前。

表 2-4　承载力修正系数

土的类别		η_b	η_d
淤泥和淤泥质土		0	1.0
人工填土 e 或 I_L 大于或等于 0.85 的黏土		0	1.0
红黏土	含水比 $a_w > 0.8$	0	1.2
	含水比 $a_w \le 0.8$	0.15	1.4
大面积 压实填土	压实系数大于 0.95,黏粒含量 $\rho_c \ge 10\%$ 的粉土	0	1.5
	最大干密度大于 2.1 t/m³ 的级配砂石	0	2.0
粉土	黏粒含量 $\rho_c \ge 10\%$ 的粉土	0.3	1.5
	黏粒含量 $\rho_c < 10\%$ 的粉土	0.5	2.0
e 及 I_L 均小于 0.85 的黏性土		0.3	1.6
粉砂、细砂(不包括很湿与饱和时的稍密状态)		2.0	3.0
中砂、粗砂、砾砂和碎石土		3.0	4.4

注:1. 强风化和全风化的岩石,可参照所风化成的相应土类取值,其他状态下的岩石不修正;

　　2. 含水比 $a_w = \dfrac{\omega}{\omega_L}$, ω 为天然含水量, ω_L 为液限;

　　3. 大面积压实填土是指填土范围大于 2 倍基础宽度的填土。

【例 2-1】　某条形基础宽 $b = 2.5$ m,埋置深度 $d = 1.6$ m,地基为均匀粉质黏土,孔隙比 $e = 0.769$,塑限 $\omega_P = 18.2\%$,液限 $\omega_L = 30.2\%$,天然密度 $\rho = 1.87$ g/cm³,天然含水量 $\omega = 22.5\%$,内摩擦角标准值 $\varphi_k = 26°$,黏聚力标准值 $c_k = 15$ kPa,地下水位很深。现场载荷试验测得临塑荷载(地基承载力特征值): $f_{ak} = 233.3$ kPa。试分别用计算公式和现场载荷试验结果求地基的承载力。

解:(1)按承载力公式计算地基承载力。

据式(2-9),地基承载力为

$$f_a = M_b \gamma b + M_d \gamma_m d + M_c c_k$$

由土的内摩擦角标准值 $\varphi_k = 26°$,查表 2-3 得: $M_b = 1.10, M_d = 4.37, M_c = 6.90$,又 $\gamma = \gamma_m = 9.8 \times 1.87 = 18.33 (\text{kN/m}^3)$,代入式(2-9):

$$f_a = 1.10 \times 18.33 \times 2.5 + 4.37 \times 18.33 \times 1.6 + 6.90 \times 15 = 282.07 (\text{kPa})$$

(2)根据现场载荷试验结果求地基承载力。

按式(2-10),求经宽度和深度修正后的地基承载力。

由于基础宽度 $b = 2.5$ m < 3.0 m,故不做式(2-10)中第 2 项的宽度修正。

基底以上土的天然重度 $\gamma_m = 9.8 \times 1.87 = 18.33 (\text{kN/m}^3)$,孔隙比 $e = 0.769$,查表 2-4 得 $\eta_d = 1.6$,代入式(2-10)得:

$$f_a = f_{ak} + \eta_d \gamma_m (d - 0.5) = 233.3 + 1.6 \times 18.33 \times (1.6 - 0.5) = 265.6 (\text{kPa})$$

本例计算结果,由规范公式算得的地基承载力略大于地基现场载荷试验得到的地基承载力。

2.4 刚性基础与扩展基础的设计计算

2.4.1 地基承载力验算与基础尺寸

如前所述,直接支承基础的地基土层称为持力层,在持力层下面的各土层称为下卧层。若某下卧层承载力较持力层承载力低,则称为软弱下卧层。

地基承载力的验算应进行持力层的验算和软弱下卧层的验算。

下面首先介绍持力层的验算。

2.4.1.1 中心受荷基础

各级各类建筑物浅基础的地基承载力验算均应满足式(2-6)的要求,即基础底面的平均压力不得大于修正后的地基承载力特征值。

如图 2-11 所示为一中心受荷单独基础,其埋深为 d,承受作用于基础顶面且通过基础底面中心的竖向荷载 F_k,基础底面面积为 A。

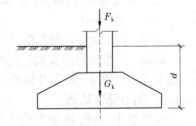

图 2-11 中心受荷单独基础

基底平均压力为

$$P_k = \frac{F_k + G_k}{A} \tag{2-11}$$

式中 P_k——基础底面处的平均压力, kPa;

       F_k——上部结构传至基础顶面的竖向力值, kN;

       G_k——基础自重和基础上的土重, kN, 对于一般实体基础,可近似地取 $G_k = \gamma_G A d$

         (γ_G 为基础及回填土的平均重度,可取 $\gamma_G = 20$ kN/m^3),但在地下水位以下部分应扣去浮托力,即 $G_k = \gamma_G A d - \gamma_w A h_w$, γ_w 为水的重度, h_w 为地下水位至基础底面的距离。

将 G_k 代入式(2-11),并满足 $P_k \leqslant f_a$,可得:

$$A \geqslant \frac{F_k}{f_a - \gamma_G d} \tag{2-12}$$

有地下水时:

$$A \geqslant \frac{F_k}{f_a - \gamma_G d + \gamma_w h_w} \tag{2-13}$$

式(2-13)中的 F_k 为基础每米长度上的外荷载(线荷载), kN/m。

对墙下条形基础,通常沿墙长方向取 1 m 进行计算,此时可得基础宽度(b)为

$$b \geqslant \frac{F_k}{f_a - \gamma_G d} \tag{2-14}$$

有地下水时:

$$b \geqslant \frac{F_k}{f_a - \gamma_G d + \gamma_w h_w} \tag{2-15}$$

为保证基础不受破坏,基础的每级台阶及基础高度都应满足基础材料刚性角的要求(见图2-12),即

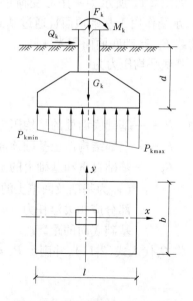

$$\frac{b_1}{h} \leqslant \tan\alpha \qquad (2\text{-}16)$$

所以,基础高度应满足:

$$h \geqslant \frac{b_1}{\tan\alpha} = \frac{b - b_0}{2\tan\alpha} \qquad (2\text{-}17)$$

式中　h——基础高度,mm;

　　　b——基础宽度,mm;

　　　b_1——基础单侧的外伸长度,mm;

　　　b_0——基础顶面处的墙体宽度或柱脚宽度,mm;

　　　α——基础材料的刚性角,(°);

　　　$\tan\alpha$——基础台阶宽高比的允许值(见表2-1)。

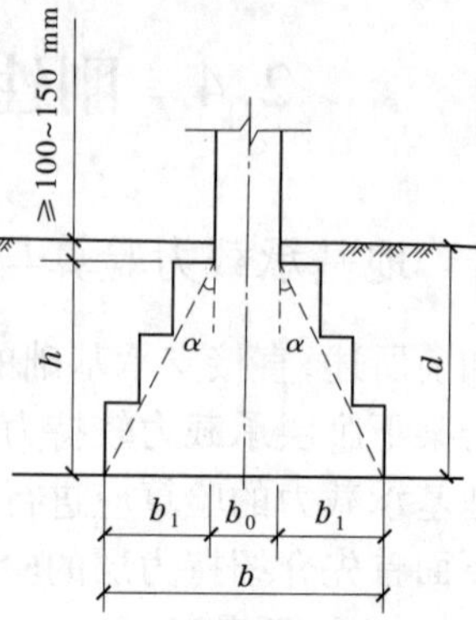

图 2-12　刚性基础的高度

在上面的计算中,最后得到的基础尺寸 b、l 和 h 均应为 100 mm 的整数倍。

2.4.1.2　偏心受荷基础

工程实践中,有时基础不仅承受竖向荷载,还可能承受柱、墩传来的弯矩及水平力作用,此时基底反力将呈梯形或三角形分布(见图2-13)。

当呈梯形分布时,基础底面边缘的最大压力、最小压力分别为

$$P_{kmax} = \frac{F_k + G_k}{A} + \frac{M_{yk}}{W_y} \qquad (2\text{-}18)$$

$$P_{kmin} = \frac{F_k + G_k}{A} - \frac{M_{yk}}{W_y} \qquad (2\text{-}19)$$

式中　M_{yk}——作用于基础底面的力矩值,如图2-13所示的受力情况,$M_{yk} = M_k + Q_k d$;

　　　W_y——基础底面抵抗矩,m³,$W_y = bl^2/6$;

　　　A、l、b——矩形的面积、长度、宽度。

图 2-13　偏心荷载作用下的基础

如果基础承受竖向荷载和柱、墩传来的弯矩,未承受水平作用力($Q_k = 0$),则基底边缘的最大压力、最小压力可按下式计算:

$$P_{kmax \atop kmin} = \frac{F_k + G_k}{A} \pm \frac{M_k}{W} \qquad (2\text{-}20)$$

或

$$P_{kmax \atop kmin} = \frac{F_k + G_k}{A}\left(1 \pm \frac{6e}{l}\right) \qquad (2\text{-}21)$$

式中　M_k——作用于基础底面的力矩值,kN·m,$M_k = (F_k + G_k)e$;

　　　e——荷载对中心轴(y轴或x轴)的偏心矩,m;

W——基础底面对中心轴的截面抵抗矩,m^3,$W = bl^2/6$;

l——力矩作用方向的矩形基础底面边长,m。

当按式(2-21)计算基底压力时,可能出现 $P_{kmin} < 0$,即产生拉应力。此时基底边缘最大压力 P_{kmax} 的计算公式为

$$P_{kmax} = \frac{2 \times (F_k + G_k)}{3ba} \tag{2-22}$$

式中　a——偏心荷载作用点至最大压应力 P_{kmax} 作用边缘的距离,$a = l/2 - e$;

b——垂直于力矩作用方向的基础底边边长。

P_{kmax} 与 P_{kmin} 相差不易太大,否则,易使基础倾斜,地基产生不均匀沉降。为此,一般规定,中、高压缩性土地基,$e < l/6$;低压缩性土地基,$e < l/4$。

【例 2-2】　(基底压力及附加压力计算)某矩形基础底面尺寸 $l = 2.4$ m,$b = 1.6$ m,埋深 $d = 2.0$ m,所受荷载设计值 $M = 100$ kN · m,$F = 450$ kN,其他条件见图 2-14。试求基底压力和基底附加压力。

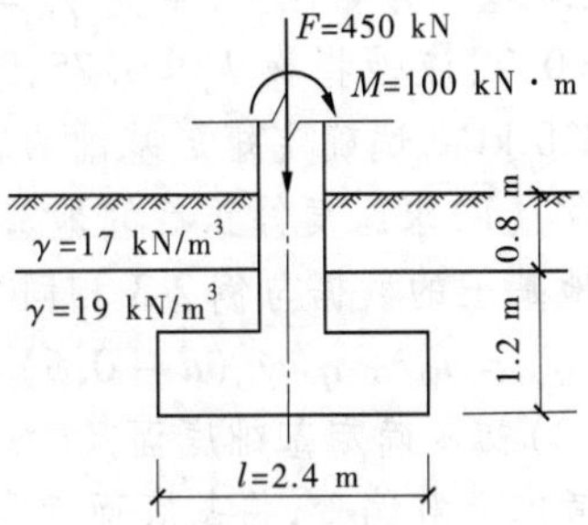

图 2-14　例 2-2 图

解:(1)求基础及其上覆土重。

$$A = lb = 2.4 \times 1.6 = 3.84(m^2)$$

$$G = \gamma_G A d = 20 \times 3.84 \times 2.0 = 153.6(kN)$$

(2)求竖向荷载的合力。

$$R = F + G = 450 + 153.6 = 603.6(kN)$$

(3)求偏心矩。

$$e = \frac{M}{R} = \frac{100}{603.6} = 0.166(m)$$

$$\frac{6e}{l} = \frac{6 \times 0.166}{2.4} = 0.415 < 1.0$$

(4)求基底压力。

$$P_{\substack{max \\ min}} = \frac{R}{A}\left(1 \pm \frac{6e}{l}\right) = \frac{603.6}{3.84} \times (1 \pm 0.415) = \begin{matrix} 222.4 \\ 92.0 \end{matrix}(kPa)$$

(5)求基底附加压力。

$$\sigma_{cd} = \sum \gamma_i h_i = 17 \times 0.8 + 19 \times 1.2 = 36.4(kPa)$$

$$P_{\substack{0max \\ 0min}} = P_{\substack{max \\ min}} - \sigma_{cd} = \begin{matrix} 222.4 \\ 92.0 \end{matrix} - 36.4 = \begin{matrix} 186.0 \\ 55.6 \end{matrix}(kPa)$$

【例 2-3】　(确定基础的尺寸)某地基土为黏性土,重度 $\gamma_m = 18.2$ kN/m³,孔隙比 $e = 0.7$,液性指数 $I_L = 0.75$,地基承载力特征值 $f_{ak} = 220$ kPa。现修建一柱基础,作用在基础顶面的轴心荷载 $F_k = 830$ kN,基础埋深(自室外地面起算)为 1.0 m,室内地面高出室外地面 0.3 m。试确定方形基础底面宽度。

解:先进行地基承载力深度修正。自室外地面起算的基础埋深 $d = 1.0$ m,据孔隙比 e 和液性指数 I_L 查表 2-4,得 $\eta_d = 1.6$,由式(2-10)得修正后的地基承载力特征值为

$$f_a = f_{ak} + \eta_d \gamma_m (d - 0.5) = 220 + 1.6 \times 18.2 \times (1.0 - 0.5) = 235(kPa)$$

计算基础及其上土的重力 G_k 时的基础埋深为
$$d = (1.0 + 1.3)/2 = 1.15(m)$$
由式(2-14)得基础底面宽度为
$$b = \sqrt{\frac{F_k}{f_a - \gamma_G d}} = \sqrt{\frac{830}{235 - 20 \times 1.15}} = 1.98(m)$$
取 $b = 2$ m,因 $b < 3$,故 f_a 不必进行承载力宽度修正。

【例2-4】 (确定基础的尺寸)某柱基础顶面的
轴心荷载 $F_k = 830$ kN,力矩 $M_k = 200$ kN·m,水平荷
载 $Q_k = 20$ kN,基础埋深(自室外地面起算)为 1.0 m,
室内地面高出室外地面 0.3 m,其他数据如图 2-15
所示,地基土为黏性土,重度 $\gamma_m = 18.2$ kN/m³,孔隙
比 $e = 0.7$,液性指数 $I_L = 0.75$,地基承载力特征值
$f_{ak} = 220$ kPa,试确定矩形基础的底面尺寸。

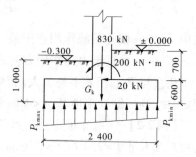

图2-15　例2-4 图
(单位:高程,m;尺寸:mm)

解: (1)求深度修正后的地基承载力特征值。
地基土的数据与例 2-3 相同,同理,则有:
$$f_a = f_{ak} + \eta_d \gamma_m (d - 0.5) = 220 + 1.6 \times 18.2 \times (1.0 - 0.5) = 235(kPa)$$
(2)初步确定基础底面尺寸。
考虑荷载偏心,将基底面面积初步增大 20%,由式(2-12),得
$$A = \frac{1.2 F_k}{f_a - \gamma_G d} = \frac{1.2 \times 830}{235 - 20 \times 1.15} = 4.7(m^2)$$
通常,矩形基底长边 l 与短边 b 的比值 $n = l/b \leqslant 2$,本例取 $n = 2$,则
$$b = \sqrt{A/n} = \sqrt{4.7/2} = 1.5(m)$$
$$l = nb = 2 \times 1.5 = 3(m)$$
因 $b = 1.5$ m < 3 m,故 f_a 无须做承载力宽度修正。
(3)验算荷载偏心距 e。
基底处的总竖向力:　　　$F_k + G_k = 830 + 20 \times 1.5 \times 3.0 \times 1.15 = 933.5(kN)$
基底处的总力矩:　　　$M_k = 200 + 20 \times 0.6 = 212(kN·m)$
偏心距:　　　$e = \dfrac{M_k}{F_k + G_k} = \dfrac{212}{933.5} = 0.227(m) < \dfrac{l}{6} = 0.5$ m　(符合要求)
(4)验算基底最大压力 P_{kmax}。

$$P_{kmax} = \frac{F_k + G_k}{A}\left(1 + \frac{6e}{l}\right) = \frac{933.5}{1.5 \times 3} \times \left(1 + \frac{6 \times 0.227}{3}\right) = 301.6(kPa) > 1.2 f_a = 282 \text{ kPa}$$
不符合要求。
(5)调整基础底面尺寸再验算。
取 $b = 1.6$ m,$l = 3.2$ m,则有
$$F_k + G_k = 830 + 20 \times 1.6 \times 3.2 \times 1.15 = 947.8(kN)$$
$$e = 212/947.8 = 0.224(m)$$
$$P_{kmax} = \frac{947.8}{1.6 \times 3.2} \times \left(1 + \frac{6 \times 0.224}{3.2}\right) = 262.9(kPa) < 1.2 f_a = 282 \text{ kPa}　(符合要求)$$

所以,基底尺寸为 3.2 m × 1.6 m。

2.4.2　软弱下卧层验算

在持力层以下地基受力层范围内,承载力显著低于持力层的高压缩性土层称为软弱下卧层。

此种情况下,要求传递到软弱下卧层顶面处土体的附加应力与自重应力之和小于软弱下卧层的承载力,即

$$P_z + P_{cz} \leqslant f_{az} \tag{2-23}$$

式中　P_z——软弱下卧层顶面处的附加应力值,kPa;

P_{cz}——软弱下卧层顶面处土的自重压力值,kPa;

f_{az}——软弱下卧层顶面处经深度修正后的地基承载力值,kPa。

当持力层与软弱下卧层的压缩模量比值 $E_{s1}/E_{s2} \geqslant$ 3 时,式(2-23)中 P_z 可按压力扩散角的概念进行计算(见图 2-16),即基底处的附加应力($P_0 = P_k - P_c$)向下按某一角度 θ 扩散。

矩形基础:

$$P_z = \frac{(P_k - P_c)lb}{(l + 2z\tan\theta)(b + 2z\tan\theta)} \tag{2-24}$$

条形基础:

$$P_z = \frac{(P_k - P_c)b}{b + 2z\tan\theta} \tag{2-25}$$

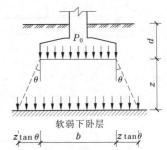

图 2-16　软弱下卧层顶面附加
　　　　应力计算

式中　P_k——基础底面以上的竖向作用力,kPa;

P_c——基础底面处土的自重应力, kPa;

l、b——基础的长度和宽度,m;

z——基础底面到软弱下卧层顶面的距离,m;

θ——地基压力扩散角,可按表 2-5 采用。

表 2-5　地基压力扩散角 θ

E_{s1}/E_{s2}	z/b	
	0.25	0.50
3	6°	23°
5	10°	25°
10	20°	30°

注:1. E_{s1} 为上层土压缩模量;E_{s2} 为下层土压缩模量。

2. $z/b < 0.25$ 时取 $\theta = 0°$,必要时,宜由试验确定;$z/b > 0.50$ 时 Q 值不变。

3. z/b 在 0.25 ~ 0.50 可插值使用。

【例 2-5】（软弱下卧层承载力验算）某柱下基础在标准组合时承受的荷载如图 2-17 所示,已知基础底面尺寸 2.2 m × 2 m,试验算地基持力层与软弱下卧层的承载力。

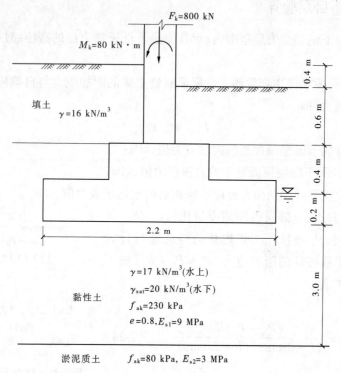

图 2-17　例 2-5 图

解:(1)计算持力层承载力。

经深宽修正的持力层承载力计算公式为

$$f_a = f_{ak} + \eta_b \gamma (b - 3) + \eta_d \gamma_m (d - 0.5)$$

基础宽度 $b = 2 \text{ m} < 3 \text{ m}$,取 3 m,故不做第 2 项宽度修正。持力层黏性土的孔隙比 $e = 0.8 < 0.85$,查表 2-4,得 $\eta_d = 1.6$。基底以上土的加权平均重度为

$$\gamma_m = \frac{16 \times 0.6 + 17 \times 0.4 + (20 - 10) \times 0.2}{1.2} = 15.33 (\text{kN/m}^3)$$

$$f_a = 230 + 0 + 1.6 \times 15.33 \times (1.2 - 0.5) = 247.17 (\text{kN/m}^3)$$

基底底面处的平均压力为

$$P_k = \frac{F_k + G_k}{A} = \frac{F_k}{A} + \gamma_G d = \frac{800}{2.2 \times 2} + 20 \times (0.6 + 0.6 + \frac{0.4}{2}) = 209.8 (\text{kPa}) < f_a$$

基础底面抵抗矩为

$$W = \frac{bl^2}{6} = \frac{2 \times 2.2^2}{6} = 1.613 (\text{m}^3)$$

$$P_{kmax \atop kmin} = \frac{F_k + G_k}{A} \pm \frac{M_k}{W} = 209.8 \pm \frac{80}{1.613} = \frac{259.4}{160.2} (\text{kPa})$$

$$P_{kmax} = 259.4 \text{ kPa} < 1.2 f_a = 1.2 \times 247.17 = 296.6 (\text{kPa})$$

所以,地基持力层满足承载力要求。

(2)验算软弱下卧层承载力。

基底平均压力: $P_k = 209.8\ \text{kPa}$

基底平均附加压力:

$$P_0 = P_k - P_c = P_k - \gamma_m d = 209.8 - 15.33 \times 1.2 = 191.4\,(\text{kPa})$$

按式(2-10)对软弱下卧层承载力特征值进行深度修正如下:

软弱下卧层土体为淤泥质土,查表 2-4 得: $\eta_b = 0, \eta_d = 1.0$,下卧层顶面以上土体平均加权重度为

$$\gamma_m = \frac{16 \times 0.6 + 17 \times 0.4 + (20 - 10) \times 3.2}{0.6 + 0.4 + 3.2} = 11.5\,(\text{kN/m}^3)$$

$$f_{az} = f_{ak} + \eta_d \gamma_m (d - 0.5) = 80 + 1.0 \times 11.5 \times (4.2 - 0.5) = 122.55\,(\text{kPa})$$

软弱下卧层顶面处的自重压力:

$$P_{cz} = 16 \times 0.6 + 17 \times 0.4 + (20 - 10) \times 3.2 = 48.4\,(\text{kPa})$$

$$\alpha = \frac{E_{s1}}{E_{s2}} = \frac{9}{3} = 3, \frac{z}{b} = \frac{3}{2} = 1.5 > 0.5,$$查表 2-5,取压力扩散角 $\theta = 23°$。

则软弱下卧层顶面处的附加应力为

$$P_z = \frac{P_0 lb}{(l + 2z\tan\theta)(b + 2z\tan\theta)} = \frac{191.4 \times 2.2 \times 2}{(2.2 + 2 \times 3 \times \tan 23°) \times (2 + 2 \times 3 \times \tan 23°)}$$
$$= 39.02\,(\text{kPa})$$

软弱下卧层顶面处的总应力 (P) 为

$$P = P_z + P_{cz} = 39.02 + 48.4 = 87.42\,(\text{kPa}) < f_{az} = 122.55\,(\text{kPa})$$

所以,软弱下卧层满足承载力的要求。

【例 2-6】 某厂房柱断面为 600 mm × 400 mm,基础埋置深度 $d = 1.8$ m,基础受竖向荷载标准值 $F_k = 750$ kN,力矩标准值 $M_k = 120$ kN·m,水平荷载标准值 $H_k = 35$ kN,作用点位置在 ±0.000 处。地基土层剖面如图 2-18 所示,填土层重度 $\gamma_1 = 16$ kN/m³,粉质黏土层重度 $\gamma_2 = 18.8$ kN/m³,液性指数 $I_L = 0.4$,孔隙比 $e = 0.80$, $f_{ak} = 205$ kPa。若基础材料选用 C15 混凝土,试设计该柱下无筋扩展基础。

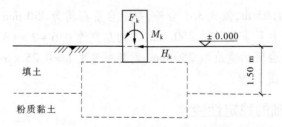

图 2-18 例 2-6 图

解:(1)持力层承载力特征值。

持力层为粉质黏土层,查表 2-4,得 $\eta_b = 0.3, \eta_d = 1.6, \gamma_m = (16 \times 1.5 + 18.8 \times 0.3)/1.8 = 16.47\,(\text{kN/m}^3)$。先进行深度修正:

$$f_a = f_{ak} + \eta_d \gamma_m (d - 0.5) = 205 + 1.6 \times 16.47 \times (1.8 - 0.5) = 239.26 (kPa)$$

（2）计算基底面积。

先按中心荷载作用计算：

$$A_0 = \frac{F_k}{f_a - \gamma_G d} = \frac{750}{239.26 - 20 \times 1.8} = 3.69 (m^2)$$

考虑到偏心荷载作用，将基地面积扩大至 $A = 1.3 A_0 = 4.80 \ m^2$。

设 $l = 1.5b$，则

$$b = \sqrt{A/1.5} = \sqrt{4.8/1.5} = 1.79 (m)$$

取 $b = 1.8 \ m, l = 2.7 \ m$。

（3）进行地基承载力验算。

由于基础宽度小于 3 m，不需对地基承载力进行宽度修正，即求得的 f_a 值不用修正。

基地压力平均值为

$$P_k = \frac{F_k}{A} + \gamma_G d = \frac{750}{2.7 \times 1.8} + 20 \times 1.8 = 190.32 (kPa)$$

选择基础尺寸时，按抵抗矩最有利的方向布置，基底压力最大值为

$$P_{max} = \frac{F_k + G_k}{A} + \frac{M_k}{W} = \frac{F_k}{A} + \gamma_G d + \frac{6F_k}{bl^2} = 190.32 + \frac{(120 + 35 \times 1.8) \times 6}{1.8 \times 2.7^2}$$

$$= 274 (kPa) < 1.2 f_a = 287.11 \ kPa$$

故地基承载力满足要求。

（4）进行基础剖面设计。

基础材料选用 C15 混凝土，查表 2-1，可得台阶宽高允许值为 1∶1.00，则基础长度方向要求的基础高度为

$$h \geqslant \frac{b - b_0}{2\tan\alpha} = \frac{2.7 - 0.6}{2 \times 1.0} = 1.05 (m)$$

基础宽度方向要求的基础高度为

$$h \geqslant \frac{b - b_0}{2\tan\alpha} = \frac{1.8 - 0.6}{2 \times 1.0} = 0.6 (m)$$

所以，取基础高度为 1.05 m，做成 3 个台阶，每级台阶高均为 350 mm。

长度方向上每级台阶宽度均为 350 mm，基础总宽为 $0.6 + 2 \times (3 \times 0.35) = 2.7 (m)$。

宽度方向上每级台阶的宽度取 250 mm，则基础宽度 $b = 0.25 \times 6 + 0.3 = 1.8 (m)$。

基础剖面尺寸见图 2-19。

2.4.3　地基和基础的稳定性验算

对经常承受水平荷载的建（构）筑物，如水工建筑物、挡土结构，以及高层建筑和高耸建筑，地基的稳定性问题可能成为地基的主要问题。

在水平荷载和竖向荷载共同作用下，地基失去稳定而破坏的形式有三种：①沿地基产生表层滑动[见图 2-20（a）]；②偏心荷载过大而使基础倾覆；③深层整体滑动破坏[见图 2-20（b）]。

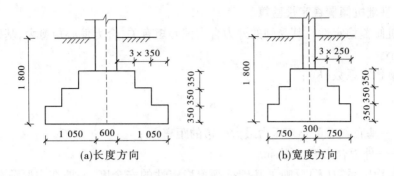

(a)长度方向   (b)宽度方向

图 2-19 基础剖面尺寸 （单位:mm）

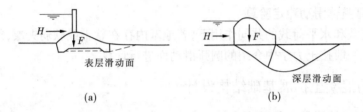

(a)   (b)

图 2-20 倾斜荷载下地基的破坏形式

2.4.3.1 地基抗水平滑动的稳定性验算

地基抗水平滑动的稳定性验算一般采用安全系数法。地基表层滑动安全系数是指基础底面的抗滑动摩擦阻力与作用于基底的水平力之比,即

$$K = \frac{(F + G)f}{H} \tag{2-26}$$

式中 K——表层滑动安全系数,根据建筑物安全等级,取 $1.2 \sim 1.4$;

    $F + G$——作用于基底的竖向力的总和;

    H——作用于基底的水平力的总和;

    f——基础与地基土的摩擦系数,见表 2-6。

表 2-6 基础与地基土的摩擦系数

土的类型		摩擦系数 f
黏性土	可塑	0.25 ~ 0.30
	硬塑	0.30 ~ 0.35
	坚硬	0.35 ~ 0.45
粉土		0.30 ~ 0.40
中砂、粗砂、砾砂		0.40 ~ 0.50
碎石土		0.40 ~ 0.60
软质岩石		0.40 ~ 0.60
表面粗糙的硬质岩石		0.65 ~ 0.75

2.4.3.2 基础抗倾覆稳定性验算

基础抗倾覆稳定性与其受到的外力合力偏心矩有关,合力偏心矩愈大,基础抗倾覆的安全性愈小。

抗倾覆稳定系数(K):

$$K = \frac{y}{e_0} \tag{2-27}$$

式中　y——基底截面重心至压力最大一边的距离,m;

　　　e_0——外力合力偏心矩,m。

抗倾覆稳定系数(K)反映了基础抗倾覆稳定性的安全度,一般在主要荷载组合时要求 $K = 1.5$,各种附加荷载要求 $K = 1.1 \sim 1.3$。

2.4.3.3 地基整体滑动稳定验算

在竖向荷载和水平荷载的共同作用下,若地基内存在软土或软弱夹层,须进行地基整体滑动验算。一般按土力学中介绍的圆弧滑动面进行计算。

2.4.4　钢筋混凝土扩展基础结构设计

2.4.4.1 墙下钢筋混凝土条形基础

墙下钢筋混凝土条形基础的内力计算一般可按平面问题处理,在长度方向可取单位长度计算。截面设计验算的内容主要包括基底宽度 b 和基础高度 h 及基础底板配筋等。关于基础的宽度前面已经介绍过,在此,仅讨论基础高度及基础底板配筋的确定。

1. 基底净反力的概念

基底反力是地基对基础产生的作用力,其值等于作用于基底上的总竖向荷载(包括墙或柱传下的建筑荷载及基础自重)。基底压力与地基反力是一对作用力与反作用力,大小相等、方向相反。当计算地基的承载力、沉降量时,一般可计算基底压力;当计算基础尺寸时,可计算基底反力。

基底净反力是地基对基础产生的作用力,是基础顶面标高以上部分下传的荷载所产生的基底反力作用,不包括基础自重和基础台阶上回填土重所引起的反力。基底净反力通常以 P_j 表示。在进行基础的结构设计中,常用到净反力,因为基础自重及其周围土重所引起的基底反力恰好与其自重相抵,对基础本身不产生内力。对轴心荷载作用,基底净反力 P_j 为

$$P_j = \frac{F}{b} \tag{2-28}$$

式中　F——基础顶面的竖向力,kN;

　　　b——基础底面宽度,m。

在偏心荷载作用下,基础边缘处的最大基底净反力和最小基底净反力设计值为

$$P_{\substack{jmax \\ jmin}} = \frac{F}{b} \pm \frac{6M}{b^2} \tag{2-29}$$

或

$$P_{\substack{jmax \\ jmin}} = \frac{F}{b}\left(1 \pm \frac{6e_0}{b}\right) \tag{2-30}$$

式中　M——弯矩,kN・m;

e_0——荷载净偏心距,m,$e_0 = M/F$。

2. 扩展基础的破坏形式

扩展基础是一种受弯和受剪的钢筋混凝土构件,在荷载作用下,可能发生如下几种破坏形式:

(1)冲切破坏,也称斜拉破坏。构件在弯、剪荷载共同作用下,先出现斜裂缝,而后被拉断[见图 2-21(a)]。一般情况下,冲切破坏控制扩展基础的高度。

(2)剪切破坏。当单独基础的宽度较小,冲切破坏锥体可能落在基础以外时,在柱与基础交接处或台阶的变形处沿着铅直面,可能发生剪切破坏。

(3)弯曲破坏。基底反力在基础截面产生弯矩,过大弯矩将引起基础弯曲破坏。这种破坏沿着墙边、柱边或台阶边发生,裂缝平行于墙或柱边[见图 2-21(b)]。为了防止这种破坏,要求基础各竖直截面上由基底反力产生的弯矩(M)小于该截面的抗弯强度(M_u),设计时根据这个条件,确定基础的配筋。

(4)局部受压破坏。当基础的混凝土强度等级小于柱的混凝土强度等级时,基础顶面可能发生局部受压破坏。

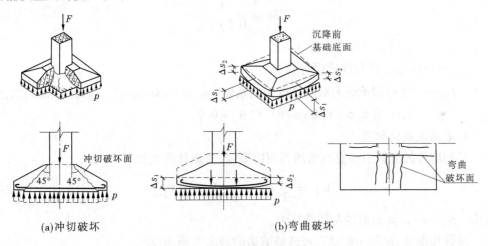

(a)冲切破坏　　　　　　(b)弯曲破坏

图 2-21　扩展基础的破坏形式

因此,设计扩展基础时,应进行如下几项验算。

3. 基础高度的验算

钢筋混凝土扩展基础的构造高度已在本章 2.1 节内容中介绍,这里主要从抗剪的角度介绍基础截面高度的确定。如图 2-22 所示,基础验算截面处剪力 V_1(kN/m)为

$$V_1 = \frac{a}{2b}\left[(2b - a)P_{jmax} + aP_{jmin}\right] \tag{2-31}$$

式中　P_{jmax}、P_{jmin}——相应于作用基本组合时,基底边缘最大、最小基底净反力设计值;

　　　a——验算截面 I—I 距基础边缘的距离,m,当墙体材料为混凝土时,验算截面 I—I 在墙脚处,a 等于基础边缘至墙脚的距离 b_1,当墙体材料为砖且墙脚伸出小于或等于 1/4 砖长时,验算截面 I—I 在墙面处,$a = b_1 + 0.06$ m。

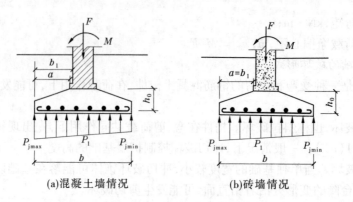

(a)混凝土墙情况　　　　　　(b)砖墙情况

图 2-22　墙下条形基础的验算截面

当荷载无偏心时,基础验算截面的剪力可简化为如下形式:

$$V_1 = aP_j \qquad (2\text{-}32)$$

剪力确定之后,基础有效高度 h_0 由混凝土的抗剪切条件确定。

基础高度按下式确定:

$$h_0 \geqslant \frac{V}{0.7\beta_{hs}f_t} \qquad (2\text{-}33)$$

式中　h_0——基础底板有效高度,mm;

　　　f_t——混凝土抗拉强度设计值;

　　　β_{hs}——受剪切承载力截面高度影响系数,$\beta_{hs} = (800/h_0)^{1/4}$,$h_0 \leqslant 800$ mm,取 $\beta_{hs} = 1.0$,当 $h_0 > 2\,000$ mm 时,取 $\beta_{hs} = 0.9$。

4. 基础底板的配筋

基础底板的配筋由验算截面的弯矩值确定,弯矩计算式如下

$$M_1 = \frac{a^2}{2}P_1 + \frac{a^2}{3}(P_{jmax} - P_{jmin}) \qquad (2\text{-}34)$$

式中　P_1——计算截面的基底净反力。

悬臂板根部、混凝土墙墙边或砖墙墙边的最大弯矩 M 为

$$M = \frac{1}{2}P_1 a^2 \qquad (2\text{-}35)$$

弯矩确定后,可以计算沿基础长度方向每米长基础底板的配筋面积 A_s:

$$A_s = \frac{M}{0.9h_0f_y} \qquad (2\text{-}36)$$

式中　A_s——受力钢筋截面面积,mm^2;

　　　h_0——基础有效高度,mm,$0.9h_0$ 为截面内力臂的近似值;

　　　f_y——钢筋抗拉强度设计值,N/mm^2。

受力钢筋最小配筋率不应小于 0.15%。

墙下钢筋混凝土纵向分布钢筋的直径应大于或等于 8 mm,间距小于或等于 300 mm,每延米分布钢筋的面积不宜小于受力钢筋截面面积的 15%。

2.4.4.2　柱下钢筋混凝土独立基础

与墙下条形基础一样,在进行柱下独立基础设计时,一般先由地基承载力确定基础的底面尺寸,然后进行基础截面的设计验算,由抗冲切验算或抗剪验算确定基础的合适高度,由抗弯验算确定基础底板的双向配筋。

1. 基底净反力

对轴心荷载作用,基底净反力 P_j 为

$$P_j = \frac{F}{lb} \tag{2-37}$$

若为偏心荷载,当偏心距 $e \leqslant l/6$ 时,基底净反力设计最大值和最小值为

$$P_{\substack{j\max \\ j\min}} = \frac{F}{lb} \pm \frac{6M}{bl^2} = \frac{F}{lb}\left(1 \pm \frac{6e_0}{l}\right) \tag{2-38}$$

2. 抗冲切验算

柱与基础相连处局部受压,若基础高度不足,则容易产生冲切破坏,沿柱边或基础台阶变截面处产生近似 45°方向斜拉裂缝,形成冲切锥体,因此必须进行抗冲切验算。

抗冲切验算的基本原则是基础可能冲切面以外基底净反力产生的冲切力应小于基础可能冲切面(冲切角锥体)上的混凝土抗冲切力。以矩形底面基础为例(见图 2-23),受冲切承载力可按下列各式计算:

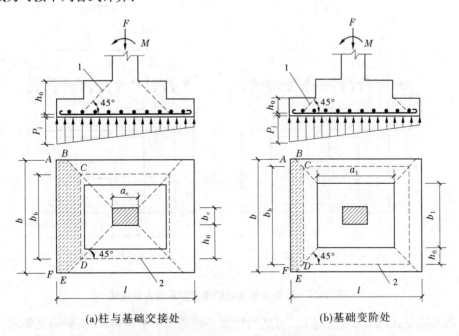

(a)柱与基础交接处　　　　　　　(b)基础变阶处

1—冲切破坏最不利一侧的斜截面;2—冲切破坏锥体的底面线

图 2-23　计算阶形基础的受冲切承载力截面位置

$$F_1 \leqslant 0.7\beta_{hp}f_t a_m h_0 \tag{2-39}$$

$$a_m = (a_1 + a_b)/2b_c + h_0 \tag{2-40}$$

$$F_1 = P_j A_1 \tag{2-41}$$

式中　β_{hp}——受冲切承载力截面高度影响系数;

　　　　h_0——基础冲切破坏锥体的有效高度;

　　　　a_m——冲切破坏锥体最不利一侧计算长度;

　　　　a_t——冲切破坏锥体最不利一侧斜截面的上边长,计算柱与基础交接处的受冲切承载力时,取柱宽,当计算基础变阶处的受冲承载力时,取上阶宽;

　　　　a_b——冲切破坏锥体最不利一侧斜截面在基础底面面积范围内的下边长,当受冲切破坏锥体的底面落在基础底面以内(见图2-24),计算柱与基础交接处的受冲切承载力时,$a_b = b_c$(柱宽)$+ 2h_0$,当计算基础变阶处的受冲切承载力时,$a_b = b_1$(上阶宽)$+ 2h_0$;

　　　　A_1——冲切验算时取用的部分基底面积(见图2-23中阴影面积 $ABCDEF$),可按式(2-42)计算;

　　　　F_1——相应于作用基本组合时作用在 A_1 上的地基土单位面积净反力设计值;

　　　　P_j——地基土单位面积净反力,对偏心受压基础可取基础边缘处最大地基土单位面积净反力。

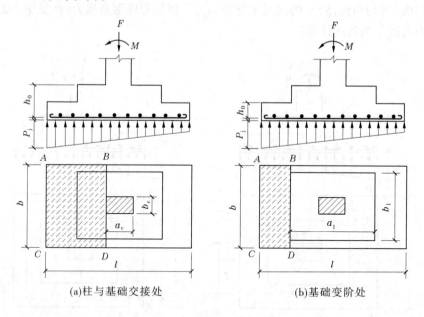

(a)柱与基础交接处　　　　　　　　(b)基础变阶处

图2-24　验算阶形基础的受剪切承载力示意图

当不满足式(2-38)的要求时,可适当增加基础高度后重新验算,直到满足要求。

$$A_1 = \left(\frac{l}{2} - \frac{a_c}{2} - h_0\right)b - \left(\frac{b}{2} - \frac{b_c}{2} - h_0\right)^2 \tag{2-42}$$

3. 抗剪验算

当基础底面短边尺寸 $a_b \leqslant a_1$(柱宽)$+ 2h_0$(基础有效高度),应按下式验算柱与基础交接处截面受弯承载力:

$$V_s \leqslant 0.7\beta_{hs}f_t A_0 \tag{2-43}$$

式中　V_s——相应于作用基本组合时,柱与基础交接处的剪力设计值,kN,图 2-24 中的阴影面积乘以基底平均净反力;

　　　A_0——验算截面处基础的有效截面面积,m^2,当验算截面为阶形或锥形时,可将其截面折算成矩形截面。

4. 基础配筋计算

在轴心荷载或单向偏心荷载作用下,对于矩形基础,当台阶的高宽比(h/b)≤2.5 且偏心距 $e \leqslant b/6$ 时,柱下矩形独立基础任意截面的弯矩可按下式计算(见图 2-25):

基础为中心受压:

$$M_{\text{I}} = \frac{1}{24}P_j(l - a_c)^2(2b + b_c) \tag{2-44}$$

偏心受压:

$$M_{\text{I}} = \frac{1}{48}\big[(P_{j\max} + P_{j\text{I}})(2b + b_c) + \\ (P_{j\max} - P_{j\text{I}})b\big](l - a_c)^2 \tag{2-45}$$

$$P_{j\text{I}} = P_{j\min} + \frac{l + a_c}{2l}(P_{j\max} - P_{j\min}) \tag{2-46}$$

中心受压或偏心受压:

$$M_{\text{II}} = \frac{1}{24}P_j(b - b_c)^2(2l + a_c) \tag{2-47}$$

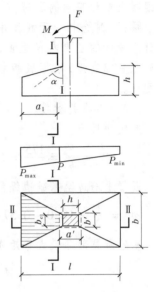

图 2-25　矩形基础底板计算

式中　M_{I}——基底反力在柱边缘 I—I 截面引起的弯矩,kN·m;

　　　M_{II}——基底反力在柱边缘 II—II 截面引起的弯矩,kN·m。

柱下单独基础的配筋设计控制截面是柱边或阶梯形基础的变阶处,由以上公式求出相应的控制截面弯矩值,由此可计算底板长边方向和短边方向的受力钢筋截面面积 $A_{s\text{I}}$ 和 $A_{s\text{II}}$。

$$A_{s\text{I}} = \frac{M_{\text{I}}}{0.9f_y h_0} \tag{2-48}$$

$$A_{s\text{II}} = \frac{M_{\text{II}}}{0.9f_y h_0} \tag{2-49}$$

式中　$A_{s\text{I}}$——基础底板沿长度方向所需的钢筋截面面积,m^2;

　　　$A_{s\text{II}}$——基础底板沿宽度方向所需的钢筋截面面积,m^2;

　　　f_y——钢筋抗拉强度设计值,kN/m^2;

　　　h_0——基础有效高度,m。

应该指出,一般柱的混凝土强度等级较基础的混凝土强度等级高。因此,基础设计除按以上方法验算其高度、计算底板配筋外,尚应验算基础顶面的局部受压承载力,具体验算方法可参见钢筋混凝土结构方面的书籍和规范。

【例 2-7】　如图 2-26 所示,某住宅楼由混凝土墙承重,底层墙厚为 370 mm,相应于荷载效应基本组合时,作用于基础顶面上的荷载 $F =$ 175 kN/m,基础平均埋深 $d = 0.6$ m,根据地基承载力特征值确定的条形基础宽度为 2.0 m,假设基础采用 C15 混凝土, $f_t = 0.91$ MPa;基础底板配置 HPB235 级抗弯受力钢筋, $f_y = 210$ MPa。试确定钢筋混凝土条形基础的配筋。

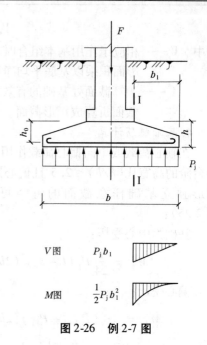

解: 该例是中心荷载作用下的墙下条形基础设计。设计的主要内容是通过基础底板的抗剪计算确定基础高度,根据底板抗弯计算确定基础底板配筋。

(1)计算有关参数。

基底净反力:

$$P_j = \frac{F}{b} = \frac{175}{2} = 87.5(\text{kPa})$$

混凝土墙边至基础边缘的距离:

$$b_1 = \frac{1}{2} \times (2.0 - 0.37) = 0.815(\text{m})$$

图 2-26　例 2-7 图

基础悬臂部分最大弯矩 M 和剪力 V 值为

$$M = \frac{1}{2}P_j b_1^2 = \frac{1}{2} \times 87.5 \times 0.815^2$$
$$= 29.1(\text{kN} \cdot \text{m})$$
$$V = P_j b_1 = 87.5 \times 0.815 = 71.3(\text{kN})$$

(2)基础高度计算。

虽然式(2-33)看似可以直接求出所需的基础高度,但因 β_{hs} 与基础有效高度 h_0 有关,所以只能先假定一个基础高度值,然后代入式(2-33)验算。

假设基础有效高度 $h_0 \leqslant 800$ mm,则根据 β_{hs} 的取值说明,可取 $\beta_{hs} = 1.0$。

对条形基础,取计算长度为 1 m,根据式(2-33),则有

$$h_0 \geqslant \frac{V}{0.7\beta_{hs}f_t} = \frac{71.3 \times 10^3}{0.7 \times 1.0 \times 0.91 \times 10^3} = 112(\text{mm})$$

根据基础的构造要求,取基础高度 $h = 300$ mm,则 $h_0 = 300 - 40 = 260(\text{mm})$。

(3)配筋计算。

基础底板抗弯所需的受力钢筋截面面积为

$$A_s = \frac{M}{0.9f_y h_0} = \frac{29.1 \times 10^6}{0.9 \times 260 \times 210} = 592.19(\text{mm}^2)$$

按计算结果配筋,选用 Φ8@85(实配 $A_s = 592.00$ mm²),满足要求。

【例 2-8】 已知某柱基础相应于作用的基本组合时柱荷载 $F = 700$ kN,弯矩 $M = 87.8$ kN·m,柱截面尺寸为 300 mm×400 mm,基础底面尺寸为 1.6 m×2.4 m,其他数据如图 2-27 所示。试设计该柱下独立基础。

解: 采用 C20 混凝土,HPB300 级钢筋,查得 $f_t = 1.10$ N/mm² $,f_y = 270$ N/mm²。

垫层采用 C10 混凝土。

（1）计算基底净反力设计值。

$$P_j = \frac{F}{lb} = \frac{700}{1.6 \times 2.4} = 182.3 \text{(kPa)}$$

净偏心距：

$$e_0 = \frac{M}{F} = \frac{87.8}{700} = 0.125 \text{(m)}$$

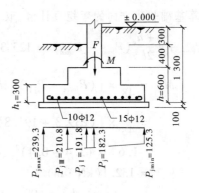

基底最大和最小净反力设计值：

$$P_{j\text{max} \atop j\text{min}} = \frac{F}{lb} \times \left(1 \pm \frac{6e_0}{l}\right)$$

$$= 182.3 \times \left(1 \pm \frac{6 \times 0.125}{2.4}\right)$$

$$= {239.3 \atop 125.3} \text{(kPa)}$$

（2）基础高度。

①柱边截面。

取 $h = 600$ mm，$h_0 = 600 - 40 - 10 = 550$ (mm)（取两个方向的有效高度平均值），则

$$b_c + 2h_0 = 0.3 + 2 \times 0.55$$

$$= 1.4 \text{(m)} < b = 1.6 \text{ m}$$

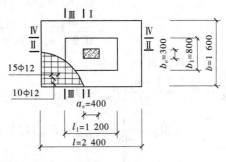

图 2-27　例 2-8 图　（单位：mm）

按式（2-39）验算受冲切承载力，因偏心受压，计算时 P_j 取 $P_{j\text{max}}$。

式（2-39）左边：

$$F_1 = P_j A_1 = P_{j\text{max}} \left[\left(\frac{l}{2} - \frac{a_c}{2} - h_0\right)b - \left(\frac{b}{2} - \frac{b_c}{2} - h_0\right)^2\right]$$

$$= 239.3 \times \left[\left(\frac{2.4}{2} - \frac{0.4}{2} - 0.55\right) \times 1.6 - \left(\frac{1.6}{2} - \frac{0.3}{2} - 0.55\right)^2\right] = 169.9 \text{(kN)}$$

式（2-39）右边：

$$0.7\beta_{hp} f_t a_m h_0 = 0.7\beta_{hp} f_t (b_c + h_0) h_0 = 0.7 \times 1.0 \times 1\,100 \times (0.3 + 0.55) \times 0.55$$

$$= 360 \text{(kN)} > 169.9 \text{ kN}，符合要求$$

基础分两级，下阶 $h_1 = 300$ mm，$h_{01} = 250$ mm，取 $l_1 = 1.2$ m，$b_1 = 0.8$ m。

②变阶处截面。

$$b_1 + 2h_{01} = 0.8 + 2 \times 0.25 = 1.3 \text{(m)} < b = 1.6 \text{ m}$$

冲切力：

$$F_1 = P_j A_1 = P_{j\text{max}} \left[\left(\frac{l}{2} - \frac{l_1}{2} - h_{01}\right)b - \left(\frac{b}{2} - \frac{b_1}{2} - h_{01}\right)^2\right]$$

$$= 239.3 \times \left[\left(\frac{2.4}{2} - \frac{1.2}{2} - 0.25\right) \times 1.6 - \left(\frac{1.6}{2} - \frac{0.8}{2} - 0.25\right)^2\right] = 128.6 \text{(kN)}$$

抗冲切力：

$$0.7\beta_{hp} f_t a_m h_0 = 0.7\beta_{hp} f_t (b_1 + h_{01}) h_{01} = 0.7 \times 1.0 \times 1\,100 \times (0.8 + 0.25) \times 0.25$$

$$= 202.1 \text{(kN)} > 128.6 \text{ kN}，符合要求$$

（3）配筋计算。

计算基础长边方向的弯矩设计值,取 I—I 截面(见图 2-27):

$$P_{jI} = P_{jmin} + \frac{l + a_c}{2l}(P_{jmax} - P_{jmin}) = 125.3 + \frac{2.4 + 0.4}{2 \times 2.4} \times (239.3 - 125.3) = 191.8(\text{kPa})$$

$$M_I = \frac{1}{48} \times [(P_{jmax} + P_{jI})(2b + b_c) + (P_{jmax} - P_{jI})b](l - a_c)^2$$

$$= \frac{1}{48} \times [(239.3 + 191.8) \times (2 \times 1.6 + 0.3) + (239.3 - 191.8) \times 1.6] \times (2.4 - 0.4)^2$$

$$= 132.1(\text{kN} \cdot \text{m})$$

$$h_0 = 600 - 40 - 5 = 555(\text{mm})$$

$$A_{sI} = \frac{M_I}{0.9 f_y h_0} = \frac{132.1 \times 10^6}{0.9 \times 270 \times 555} = 979.5(\text{mm}^2)$$

III—III 截面:

$$P_{jIII} = P_{jmin} + \frac{l + a_1}{2l}(P_{jmax} - P_{jmin}) = 125.3 + \frac{2.4 + 1.2}{2 \times 2.4} \times (239.3 - 125.3) = 210.8(\text{kPa})$$

$$M_{III} = \frac{1}{48}[(P_{jmax} + P_{jIII})(2b + b_1) + (P_{jmax} - P_{jIII})b](l - l_1)^2$$

$$= \frac{1}{48} \times [(239.3 + 210.8) \times (2 \times 1.6 + 0.8) + (239.3 - 210.8) \times 1.6] \times (2.4 - 1.2)^2$$

$$= 55.4(\text{kN} \cdot \text{m})$$

$$A_{sIII} = \frac{M_{III}}{0.9 f_y h_0} = \frac{55.4 \times 10^6}{0.9 \times 270 \times 255} = 894(\text{mm}^2)$$

比较 A_{sI} 和 A_{sIII} 及最小配筋率要求,应按最小配筋率配筋,现于 1.6 m 宽度范围内配 10 Φ 12,$A_s = 1\,131\ \text{mm}^2 > (1\,600 \times 300 + 800 \times 300) \times 0.15\% = 1\,080(\text{mm}^2)$,满足要求。

计算基础短边方向的弯矩,取 II—II 截面。前已算得 $P_j = 182.3$ kPa,据式(2-47)有:

$$M_{II} = \frac{1}{24} P_j (b - b_c)^2 (2l + a_c) = \frac{1}{24} \times 182.3 \times (1.6 - 0.3)^2 \times (2 \times 2.4 + 0.4)$$

$$= 66.8(\text{kN} \cdot \text{m})$$

$$A_{sII} = \frac{M_{II}}{0.9 f_y h_0} = \frac{66.8 \times 10^6}{0.9 \times 270 \times (555 - 12)} = 506(\text{mm}^2)$$

IV—IV 截面:

$$M_{IV} = \frac{1}{24} P_j (b - b_1)^2 (2l + l_1) = \frac{1}{24} \times 182.3 \times (1.6 - 0.8)^2 \times (2 \times 2.4 + 1.2)$$

$$= 29.2(\text{kN} \cdot \text{m})$$

$$A_{sIV} = \frac{M_{IV}}{0.9 f_y h_{01}} = \frac{29.2 \times 10^6}{0.9 \times 270 \times (255 - 12)} = 495(\text{mm}^2)$$

按最小配筋率,配筋 15 Φ 12,$A_s = 1\,696\ \text{mm}^2 > (2\,400 \times 300 + 1\,200 \times 300) \times 0.15\% = 1\,620(\text{mm}^2)$,满足要求。基础配筋见图 2-27。

2.4.5　地基变形验算

2.4.5.1　基本概念

在地基基础设计中,除保证地基的强度、稳定性外,还需保证地基的变形控制在允许的范围内,以保证上部结构不因地基变形过大而丧失其使用功能。

2.4.5.2　变形验算的内容

在常规设计中,地基变形须满足下列条件:

$$\Delta \leqslant [\Delta] \tag{2-50}$$

式中　Δ——地基变形的某一特征变形值;

　　　$[\Delta]$——相应的允许特征变形值。

地基变形特征可分为沉降量、沉降差、倾斜、局部倾斜四种(见表 2-7)。

表 2-7　基础沉降分类

地基变形指标	图例	计算方法
沉降量	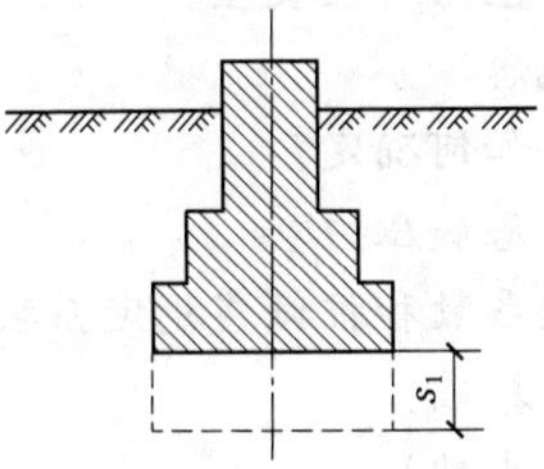	s_1 为基础中点沉降值
沉降差	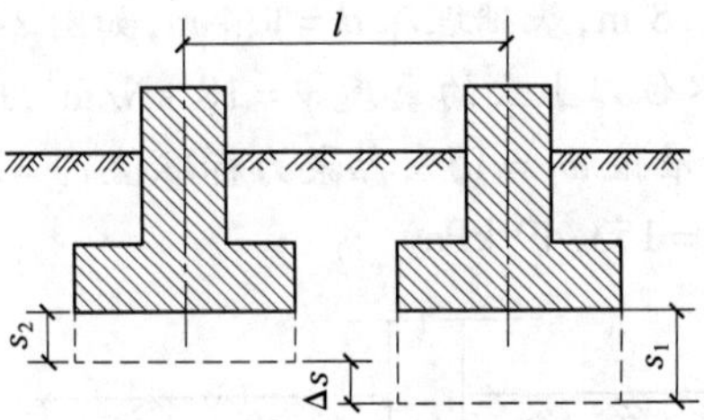	两相邻独立基础沉降值之差 $\Delta s = s_1 - s_2$
倾斜	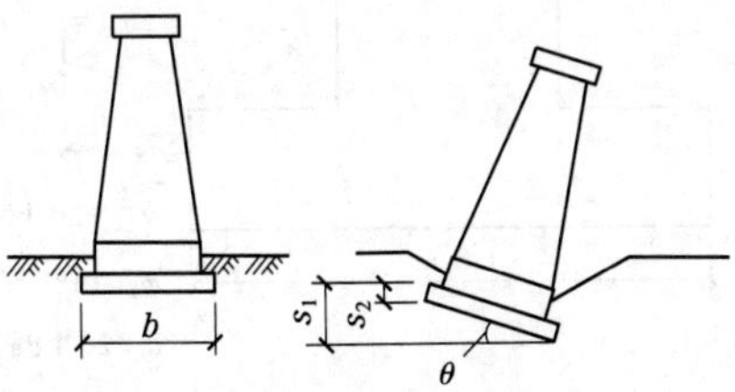	$\tan \theta = \dfrac{s_1 - s_2}{b}$
局部倾斜	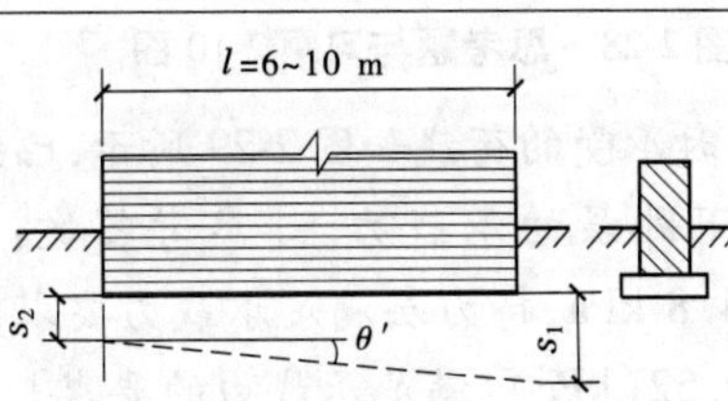	$\tan \theta' = \dfrac{s_1 - s_2}{l}$

（1）沉降量：独立基础或刚性特别大的基础中心的沉降量。

（2）沉降差：两相邻独立基础中心点沉降量之差。

（3）倾斜：独立基础在倾斜方向两端点的沉降差与其距离的比值。

（4）局部倾斜：砌体承重结构沿纵向 6～10 m 内基础两点的沉降差与其距离的比值。

2.4.5.3　关于允许变形值

关于允许变形值，涉及的因素较多，诸如建筑物的结构类型特点、使用要求、对不均匀沉降的敏感性及结构的安全储备等，应紧密结合实际，参照当地的建筑经验，综合考虑各种因素的影响后确定。

思考题与习题

2-1　试述刚性角的概念。如何确定刚性角？

2-2　试说明灰土、三合土的概念。

2-3　试说明扩展基础的概念。包括哪些类型？

2-4　试述持力层与下卧层的概念。

2-5　试述地基承载力的概念。如何确定？

2-6　如何确定偏心受荷基础的基底压力？

2-7　试述地基抗水平滑动稳定系数和抗倾覆稳定系数。

2-8　如何确定钢筋混凝土条形基础？

2-9　如何确定钢筋混凝土独立基础？

2-10　某条形基础宽 $b=1.8$ m，基础埋深 $d=1.4$ m，如图 2-28 所示地基土为黏性土，地下水位距地表 1.0 m，地下水位以上土的重度 $\gamma=18$ kN/m³，地下水位以下土的饱和重度 $\gamma_{sat}=20$ kN/m³，内摩擦角标准值 $\varphi_k=15°$，黏聚力标准值 $c_k=20$ kPa。试计算地基土的承载力特征值。（参考答案：$f_a=153.49$ kPa）

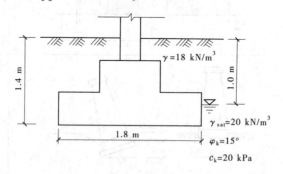

图 2-28　思考题与习题 2-10 图

2-11　柱下基础在标准组合时承受的荷载如图 2-29 所示，已知基础底面尺寸 2.1 m×2 m。试验算地基持力层与软弱下卧层的承载力。[参考答案：地基持力层：$f_a=247.17$ kPa，$P_k=230.38$ kPa，$P_{kmax}=284.8$ kPa，持力层满足承载力要求；软弱下卧层：$f_{az}=122.55$ kPa，$P_z+P_{cz}=42.12+48.4=90.52$（kPa），满足承载力的要求]

2-12　某墙下条形基础埋深 1.8 m，室内外高差 0.2 m，见图 2-30，上层土为填土，$\gamma=$

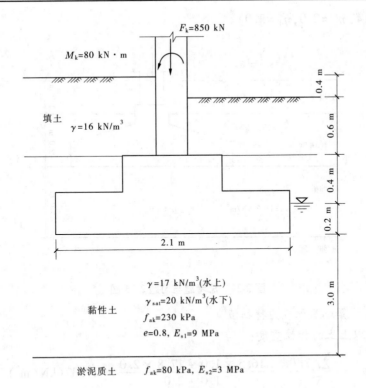

图 2-29　思考题与习题 2-11 图

16.5 kN/m^3，下层为粉土，粉土黏粒含量 $\rho_c > 10\%$，$\gamma = 17.6$ kN/m^3，$f_{ak} = 180$ kPa，相应于荷载标准组合时，基础顶面受到轴心竖向力 $F_k = 600$ kN。试确定基底宽（最后确定的基础宽度 b 为 0.5 m 的整数倍）。（参考答案：基底宽度 3.5 m）

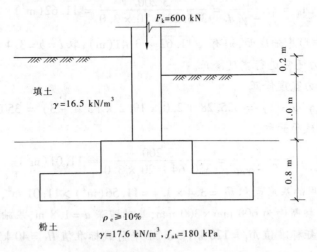

图 2-30　思考题与习题 2-12 图

2-13　某住宅为框架结构，采用独立基础，上部荷载 $F_k = 3\,200$ kN，基础埋深 $d = 3.0$ m，地层情况如图 2-31 所示，细砂层为持力层。试计算该基础的底面面积（已知细砂层的

承载力修正系数 $\eta_b = 2.0, \eta_d = 3.0$）。

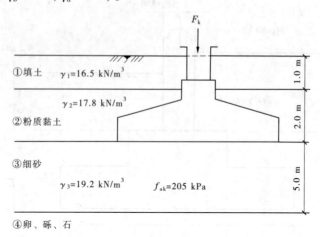

图 2-31　思考题与习题 2-13 图

提示：(1)计算地基承载力特征值。

基础底面以上土的加权重度：

$$\gamma_m = \frac{\sum \gamma_i h_i}{\sum h_i} = \frac{16.5 \times 1.0 + 17.8 \times 2.0}{1.0 + 2.0} = 17.37(\text{kN}/\text{m}^2)$$

假设基础宽度 $b < 3$ m，初步估算持力层的承载力：

$$f_a' = f_{ak} + \eta_d \gamma_m (d - 0.5) = 205 + 3.0 \times 17.37 \times (3.0 - 0.5) = 335.28(\text{kPa})$$

(2)初步估算基础底面面积。

$$A_0 = \frac{F_k}{f_a' - \gamma_G d} = \frac{3\,200}{335.28 - 20 \times 3.0} = 11.62(\text{m}^2)$$

在此选用正方形基础底面，则有 $\sqrt{11.62} \approx 3.41(\text{m})$，取 $l = b = 3.4$ m，因基底宽度超过 3 m，地基承载力还需进行宽度修正。

(3)地基承载力宽度修正。

$$f_a = f_a' + \eta_b \gamma(b - 3) = 335.28 + 2.0 \times 19.2 \times (3.4 - 3) = 350.64(\text{kPa})$$

(4)计算基础底面面积。

$$A \geqslant \frac{F_k}{f_a - \gamma_G d} = \frac{3\,200}{350.64 - 20 \times 3.0} \approx 11.01(\text{m}^2)$$

所以，实际采用的基底面积 $lb = 3.4 \times 3.4 = 11.56(\text{m}^2) > 11.01$ m² ，合适。

2-14　某厂房柱断面为 600 mm × 300 mm，基础埋深 $d = 1.8$ m，基础受竖向荷载标准值 $F_k = 780$ kN，力矩标准值 $M_k = 120$ kN·m，水平荷载标准值 $H_k = 40$ kN，作用点位置在 ±0.000 处。地基土层剖面如图 2-32 所示，填土层重度 $\gamma_1 = 17$ kN/m³，粉质黏土层重度 $\gamma_2 = 19$ kN/m³，液性指数 $I_L = 0.4$，孔隙比 $e = 0.80$，$f_{ak} = 210$ kPa。若基础材料选用 C15 混凝土，试设计该柱下无筋扩展基础。(参考答案：基础长 $l = 2.7$ m，宽度 $b = 1.8$ m，高度 $h = 1.5$ m，做 3 层台阶，如图 2-32 所示，长度方向每层台阶宽 350 mm，宽度方向 250 mm)

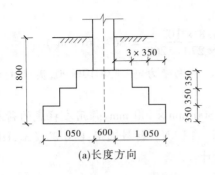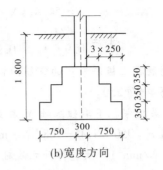

(a)长度方向　　　　　　　(b)宽度方向

图 2-32　思考题与习题 2-14 图　（单位:mm）

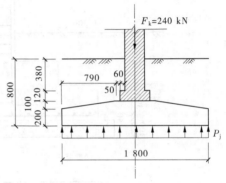

图 2-33　思考题与习题 2-15 图　（单位:mm）

2-15　某多层住宅的承重墙厚 240 mm,作用于基础顶面的荷载 $F_k = 240$ kN,基础埋深 $d = 0.8$ m(见图 2-33),经深度修正后的地基承载力特征值 $f_a = 150$ kPa,若采用 C20 混凝土(混凝土轴心抗拉强度设计值 $f_t = 1.10$ N/mm^2),钢筋采用 HPB300(钢筋抗拉强度设计值 $f_y = 270$ N/mm^2),若作用的分项系数 $\gamma_s = 1.35$,试设计钢筋混凝土条形基础。(参考答案:条形基础宽度 $b = 1.8$ m,基础高度 $h_0 = 26$ cm,底板配筋面积 872 mm^2)

解题指导:

(1)确定条形基础宽度。

$$b \geqslant \frac{F_k}{f_a - \gamma_G d} = \frac{240}{150 - 20 \times 0.8} = 1.79 (\text{m})$$

取 $b = 1.8$ m。

(2)确定基础高度。

按经验 $h = b/8 = 180/8 \approx 23$(cm),取 $h = 30$ cm,$h_0 = 30 - 4 = 26$(cm)

基底净反力为

$$P_j = F/b = 1.35 \times 240/1.8 = 180(\text{kN/m})$$

控制截面剪力为

$$V = a P_j = (0.9 - 0.12) \times 180 = 140.4(\text{kN})$$

混凝土抗剪强度为

$$0.7 \beta_{hs} f_t A_0 = 0.7 \beta_{hs} f_t l h_0 = 0.7 \times 1.0 \times 1.10 \times 1.0 \times 260$$
$$= 200.2(\text{kN}) > V = 140.4 \text{ kN}$$

满足要求。

(3)计算底板配筋。

中心受压情况下,基底净反力均匀分布,计算截面弯矩。

$$M = \frac{1}{2} P_j b_1^2 = \frac{1}{2} \times 180 \times (0.9 - 0.12)^2$$

$$= 54.8(\text{kN} \cdot \text{m})$$

$$A_s = \frac{M}{0.9 f_y h_0} = \frac{54.8 \times 10^6}{0.9 \times 270 \times 260} = 867.36 (\text{mm}^2)$$

查钢筋混凝土板每米宽的钢筋面积表,横向受力筋:选 Φ 10@90,实配 $A_s = 872$ mm²;纵向分布筋 Φ 8@250。

2-16　某框架柱下单独基础,面积为 300 mm × 400 mm,作用在柱底的荷载效应基本组合设计值 $F = 950$ kN,$M = 108$ kN · m,$V = 18$ kN。材料选用:C20 混凝土,HPB235 级钢筋($f_y = 210$ N/mm²)。试进行独立基础设计。

参考答案见图 2-34(仅供参考)。

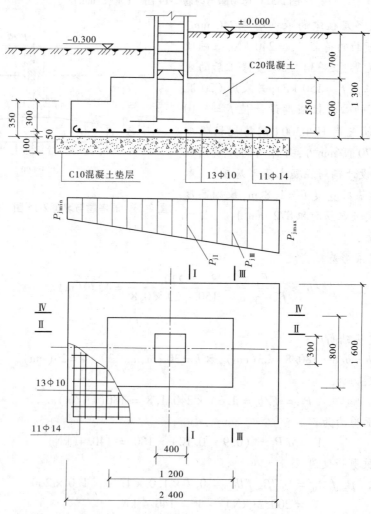

图 2-34　思考题与习题 2-16 图　(单位:mm)

第 3 章　连续基础

柱下条形基础、筏形基础和箱形基础统称为连续基础。

连续基础将建筑物的底部连在了一起,加强了建筑物的整体刚度,能将上部结构的荷载较均衡地传递给地基,可有效减小建筑物的不均匀沉降。

连续结构的特点是:具有优良的结构特征和较大的承载力,多用于复杂地基和高层建筑基础。

3.1　弹性地基(文克勒地基)上梁的分析计算

本节仅考虑基础与地基的相互作用,将基础视为弹性地基上的梁,采用文克勒地基模型进行分析计算。

3.1.1　弹性地基上梁的挠曲微分方程及其解答

3.1.1.1　微分方程式

图 3-1 表示外荷载作用下文克勒地基上等截面梁位于主平面的挠曲曲线。基底反力为 $P(\text{kPa 或 kN/m}^2)$,梁宽为 $b(\text{m})$,在弹性地基梁的计算中,通常取单位长度上的压力计算。因此,梁底反力沿长度方向的分布为 $Pb(\text{kN/m})$;梁和地基的竖向位移为 ω。取微端梁元素 $\text{d}x$[见图 3-1(b)],其上作用分布荷载 $q(\text{kN/m})$ 和基底反力 Pb 及相邻截面作用的弯矩 M 和剪力 V,根据梁元素上竖向力的静力平衡条件,可得:

$$\frac{\text{d}V}{\text{d}x} = Pb - q \tag{3-1}$$

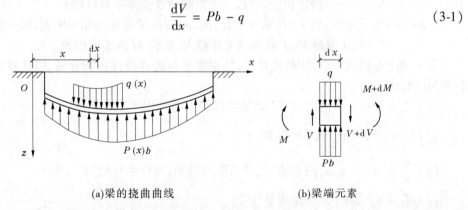

(a)梁的挠曲曲线　　　　　　　　　　(b)梁端元素

图 3-1　文克勒地基上梁的分析简图

因 $V = \text{d}M/\text{d}x$,故式(3-1)可写成:

$$\frac{\text{d}^2 M}{\text{d}x^2} = Pb - q \tag{3-2}$$

利用材料力学公式 $EI(\text{d}^2\omega/\text{d}x^2) = -M$,将该式连续对 x 取两次导数后,代入式(3-2)得

$$EI \frac{\mathrm{d}^4 \omega}{\mathrm{d}x^4} = -\frac{\mathrm{d}^2 M}{\mathrm{d}x^2} = -Pb + q \tag{3-3}$$

根据文克勒模型,可知 $P = ks$,按接触条件——沿梁全长的地基沉降应与梁的挠度相等,即 $s = \omega$,从而可得文克勒地基上梁的挠曲微分方程为

$$EI \frac{\mathrm{d}^4 \omega}{\mathrm{d}x^4} = -bk\omega + q \tag{3-4}$$

式中　E——梁材料的弹性模量,$\mathrm{kN/m}^2$;

　　　I——梁截面惯性矩,m^4;

　　　ω——梁的挠度,即 z 方向的位移,m;

　　　b——梁宽,m;

　　　k——基床系数,$\mathrm{kN/m}^3$;

　　　q——分布荷载,$\mathrm{kN/m}$。

3.1.1.2　微分方程解答

为了对式(3-4)求解,先考虑梁上无荷载部分,即 $q = 0$,并令:

$$\lambda = \sqrt[4]{\frac{bk}{4EI}} \tag{3-5}$$

则式(3-5)可写为

$$\frac{\mathrm{d}^4 \omega}{\mathrm{d}x^4} + 4\lambda^4 \omega = 0 \tag{3-6}$$

λ 是表示弹性地基梁的弹性特征的系数,是反映梁挠曲刚度和地基刚度之比的参数,是影响挠曲线形状的一个重要因素,常用单位为 m^{-1},其倒数 $1/\lambda$ 称为特征长度。显然,特征长度 $1/\lambda$ 愈大,梁相对愈刚。

式(3-6)是四阶常系数线性齐次微分方程,其通解为

$$\omega = \mathrm{e}^{\lambda x}(C_1 \cos \lambda x + C_2 \sin \lambda x) + \mathrm{e}^{-\lambda x}(C_3 \cos \lambda x + C_4 \sin \lambda x) \tag{3-7}$$

式中　C_1、C_2、C_3、C_4——待定积分常数,可根据载荷及边界条件确定;

　　　λx——无量纲数,当 $x = l$(基础梁长)时,λl 反映梁对地基相对刚度,同一地基,l 越长即 λl 值越大,表示梁的柔性越大,故称 λl 为柔度指数。

为了确定方程式(3-7)中待定系数,特别需要对边界条件进行分析,以便找出针对不同情况的特解。

对于文克勒地基上的梁,按柔度指数 λl 值区分为以下三种类型:

(1) $\lambda l < \dfrac{\pi}{4}$,短梁(或称刚性梁);

(2) $\dfrac{\pi}{4} < \lambda l < \pi$,有限长梁(也称有限刚性梁,或称中长梁);

(3) $\lambda l > \pi$,无限长梁(或称柔性梁)。

根据以上分类,分别确定各类梁的边界条件与荷载条件,求出解的系数,得到特解,便可进行有关梁的计算。

3.1.2　弹性地基(文克勒地基)上梁的计算

无限长梁是指在梁上任一点施加荷载时,沿梁长方向上各点的挠度随着离开加荷点

距离的增加而减小,当梁的无荷载端离荷载作用点无限远时,此无荷载端(两端点)的挠度为零,则此地基梁称为无限长梁。实际上,当梁端与加荷点距离足够大,其柔度指数 $\lambda l > \pi$ 时,就可视为是无限长梁。

3.1.2.1 竖向集中力作用下的无限长梁

令梁上作用着集中力 F,作用点为坐标原点,假定梁两侧对称。当 $x \to \infty$ 时,挠度 $\omega = 0$,由式(3-7)可得 $C_1 = C_2 = 0$,即

$$\omega = e^{-\lambda x}(C_3 \cos\lambda x + C_4 \sin\lambda x) \tag{3-8}$$

考虑梁的连续性、荷载及地基反力对称于原点,即当 $x \to 0$ 时,该点挠度曲线的切线是水平的,故挠度曲线的斜率为零,即

$$\theta = \left(\frac{d\omega}{dx}\right)\Big|_{x=0} = 0 \tag{3-9}$$

式中 θ——梁截面的转角。

将式(3-8)代入式(3-9)中可得

$$-(C_3 - C_4) = 0$$
$$C_3 = C_4 = C$$

故 $$\omega = Ce^{-\lambda x}(\cos\lambda x + \sin\lambda x) \tag{3-10}$$

根据对称性,在 $x=0$ 处断面的剪应力等于地基总反力的一半,即

$$V = \frac{dM}{dx} = \frac{d}{dx}\left(-EI\frac{d^2\omega}{dx^2}\right) = -EI\frac{d^3\omega}{dx^3}\Big|_{x=0} = -\frac{F}{2} \tag{3-11}$$

对式(3-10)求三阶导数,再代入式(3-11),并令 $K = kb$ 为集中基床系数,则

$$C = \frac{F\lambda}{2K} \tag{3-12}$$

将式(3-12)代入式(3-10)中得到竖向集中力作用下无限长梁的挠曲方程:

$$\omega = \frac{F\lambda}{2K}e^{-\lambda x}(\cos\lambda x + \sin\lambda x) \tag{3-13}$$

将式(3-13)分别对 x 取一阶、二阶和三阶导数,就可求得梁的右半侧 $x \geq 0$,梁截面的转角 $\theta = \frac{d\omega}{dx}$,弯矩 $M = -EI\frac{d^2\omega}{dx^2}$ 和剪力 $V = -EI\left(\frac{d^3\omega}{dx^3}\right)$。

将以上所得公式归纳概括如下:

挠度 $$\omega = \frac{F\lambda}{2K}A_x \tag{3-14}$$

转角 $$\theta = \frac{d\omega}{dx} = -\frac{F\lambda^2}{K}B_x \left(或 \pm\frac{F\lambda^2}{K}B_x\right) \tag{3-15}$$

弯矩 $$M = -EI\frac{d^2\omega}{dx^2} = \frac{F}{4\lambda}C_x \tag{3-16}$$

剪力 $$V = \frac{dM}{dx} = -\frac{F}{2}D_x \left(或 \pm\frac{F}{2}D_x\right) \tag{3-17}$$

单位梁长地基净反力 $$P_j = K\omega = \frac{F\lambda}{2}A_x \tag{3-18}$$

地基净反力强度 $\qquad P = \dfrac{P_j}{b} = \dfrac{F\lambda}{2b} A_x \qquad$ (3-19)

其中

$$A_x = e^{-\lambda x}(\cos\lambda x + \sin\lambda x) \qquad (3\text{-}20)$$

$$B_x = e^{-\lambda x}\sin\lambda x \qquad (3\text{-}21)$$

$$C_x = e^{-\lambda x}(\cos\lambda x - \sin\lambda x) \qquad (3\text{-}22)$$

$$D_x = e^{-\lambda x}\cos\lambda x \qquad (3\text{-}23)$$

将 A_x、B_x、C_x、D_x 制成表格，见表 3-1。

表 3-1　A_x、B_x、C_x、D_x 函数

λx	A_x	B_x	C_x	D_x
0	1	0	1	1
0.02	0.999 61	0.019 60	0.960 40	0.980 00
0.04	0.998 44	0.038 42	0.921 60	0.960 02
0.06	0.996 54	0.056 47	0.883 60	0.940 07
0.08	0.993 93	0.073 77	0.846 39	0.920 16
0.10	0.990 65	0.090 33	0.809 98	0.900 32
0.12	0.986 72	0.106 18	0.774 37	0.880 54
0.14	0.982 17	0.121 31	0.739 54	0.860 85
0.16	0.977 02	0.135 76	0.705 50	0.841 26
0.18	0.971 31	0.149 54	0.672 24	0.821 78
0.20	0.965 07	0.162 66	0.639 75	0.802 41
0.22	0.958 31	0.175 13	0.608 04	0.783 18
0.24	0.951 06	0.186 98	0.577 10	0.764 08
0.26	0.943 36	0.198 22	0.546 91	0.745 14
0.28	0.935 22	0.208 87	0.517 48	0.726 35
0.30	0.926 66	0.218 93	0.488 80	0.707 73
0.35	0.903 60	0.241 64	0.420 33	0.661 96
0.40	0.878 44	0.261 03	0.356 37	0.617 40
0.45	0.851 50	0.277 35	0.296 80	0.574 15
0.50	0.823 07	0.290 79	0.241 49	0.532 28
0.55	0.793 43	0.301 56	0.190 30	0.491 86
0.60	0.762 84	0.309 88	0.143 07	0.452 95
0.65	0.731 53	0.315 94	0.099 66	0.415 59
0.70	0.699 72	0.319 91	0.059 90	0.379 81
0.75	0.667 61	0.321 98	0.023 64	0.345 63

续表 3-1

λx	A_x	B_x	C_x	D_x
$\pi/4$	0.644 79	0.322 40	0	0.322 40
0.80	0.635 38	0.322 33	−0.009 28	0.313 05
0.85	0.603 20	0.321 11	−0.039 02	0.282 09
0.90	0.571 20	0.318 48	−0.065 74	0.252 73
0.95	0.539 54	0.314 58	−0.089 62	0.224 96
1.00	0.508 33	0.309 56	−0.110 79	0.198 77
1.05	0.477 66	0.303 54	−0.129 43	0.174 12
1.10	0.447 65	0.296 66	−0.145 67	0.150 99
1.15	0.418 36	0.289 01	−0.159 67	0.129 34
1.20	0.389 86	0.280 72	−0.171 58	0.109 14
1.25	0.362 23	0.271 89	−0.181 55	0.090 34
1.30	0.335 50	0.262 60	−0.189 70	0.072 90
1.35	0.309 72	0.252 95	−0.196 17	0.056 78
1.40	0.284 92	0.243 01	−0.201 10	0.041 91
1.45	0.261 13	0.232 86	−0.204 59	0.028 27
1.50	0.238 35	0.222 57	−0.206 79	0.015 78
1.55	0.216 62	0.212 20	−0.207 79	0.004 41
$\pi/2$	0.207 88	0.207 88	−0.207 88	0
1.60	0.195 92	0.201 81	−0.207 71	−0.005 90
1.65	0.176 25	0.191 44	−0.206 64	−0.015 20
1.70	0.157 62	0.181 16	−0.204 70	−0.023 54
1.75	0.141 02	0.170 99	−0.201 97	−0.030 97
1.80	0.123 42	0.160 98	−0.198 53	−0.037 56
1.85	0.107 82	0.151 15	−0.194 48	−0.043 33
1.90	0.093 18	0.141 54	−0.189 89	−0.048 35
1.95	0.079 50	0.132 17	−0.184 83	−0.052 67
2.00	0.066 74	0.123 06	−0.179 38	−0.056 32
2.05	0.054 88	0.114 23	−0.173 59	−0.059 36
2.10	0.043 88	0.105 71	−0.167 53	−0.061 82
2.15	0.033 73	0.097 49	−0.161 24	−0.063 76
2.20	0.024 38	0.089 58	−0.154 79	−0.065 21
2.25	0.015 80	0.082 00	−0.148 21	−0.066 21
2.30	0.007 96	0.074 76	−0.141 56	−0.066 80
2.35	−0.000 84	0.067 85	−0.134 87	−0.067 02
$3\pi/4$	0	0.067 02	−0.134 04	−0.067 02

续表 3-1

λx	A_x	B_x	C_x	D_x
2.40	− 0.005 62	0.061 28	− 0.128 17	− 0.066 89
2.45	− 0.011 43	0.055 03	− 0.121 50	− 0.066 47
2.50	− 0.016 63	0.049 13	− 0.114 89	− 0.065 76
2.55	− 0.021 27	0.043 54	− 0.108 36	− 0.064 81
2.60	− 0.025 36	0.038 29	− 0.101 93	− 0.063 64
2.65	− 0.028 94	0.033 35	− 0.095 63	− 0.062 28
2.70	− 0.032 04	0.028 72	− 0.089 48	− 0.060 76
2.75	− 0.034 69	0.024 40	− 0.083 48	− 0.059 09
2.80	− 0.036 93	0.020 37	− 0.077 67	− 0.057 30
2.85	− 0.038 77	0.016 63	− 0.072 03	− 0.055 40
2.90	− 0.040 26	0.013 16	− 0.066 59	− 0.053 43
2.95	− 0.041 42	0.009 97	− 0.061 34	− 0.051 38
3.00	− 0.042 26	0.007 03	− 0.056 31	− 0.049 26
3.10	− 0.043 14	0.001 87	− 0.046 88	− 0.045 01
π	− 0.043 21	0	− 0.043 21	− 0.043 21
3.20	− 0.043 07	− 0.002 38	− 0.038 31	− 0.040 69
3.40	− 0.040 79	− 0.008 53	− 0.023 74	− 0.032 27
3.60	− 0.036 59	− 0.012 09	− 0.012 41	− 0.024 50
3.80	− 0.031 38	− 0.013 69	− 0.004 00	− 0.017 69
4.00	− 0.025 83	− 0.013 86	− 0.001 89	− 0.011 97
4.20	− 0.020 42	− 0.013 07	0.005 72	− 0.007 35
4.40	− 0.015 46	− 0.011 68	0.007 91	− 0.003 77
4.60	− 0.011 12	− 0.009 99	0.008 86	− 0.001 13
$3\pi/2$	− 0.008 98	− 0.008 98	0.008 98	0
4.80	− 0.007 48	− 0.008 20	0.008 92	0.000 72
5.00	− 0.004 55	− 0.006 46	0.008 37	0.001 91
5.50	0.000 01	− 0.002 88	0.005 78	0.002 90
6.00	0.001 69	− 0.000 69	0.003 07	0.002 38
2π	0.001 87	0	0.001 87	0.001 87
6.50	0.001 79	0.000 32	0.001 14	0.001 47
7.00	0.001 29	0.000 60	0.000 09	0.000 69
$9\pi/4$	0.001 20	0.000 60	0	0.000 60
7.50	0.000 71	0.000 52	− 0.000 33	0.000 19
$5\pi/2$	0.000 39	0.000 39	− 0.000 39	0
8.00	0.000 28	0.000 33	− 0.000 38	− 0.000 05

基础梁左半部分($x \leqslant 0$)的解答恰与右半部成正或负的对称关系,两者放一起即得完整的解。图3-2(a)表示集中力 F 作用下无限长梁的挠度、转角、弯矩与剪力分布。

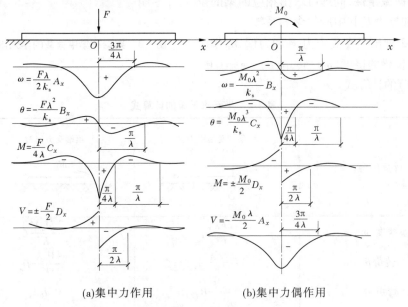

(a)集中力作用   (b)集中力偶作用

图 3-2 文克勒地基上无限长梁的挠度和内力

3.1.2.2 集中力偶作用下的无限长梁

同理,可求得集中力偶 M_0 作用下无限长梁的挠度、转角、弯矩和剪力,如图3-2(b)所示,其推演过程与无限长梁相似,其挠度(ω)、转角(θ)、弯矩(M)和剪力(V)的计算式可表示为

$$\omega = \pm \frac{M_0 \lambda^2}{K} B_x \qquad (3-24)$$

$$\theta = \frac{-M_0 \lambda^2}{K} V C_x \qquad (3-25)$$

$$M = \pm \frac{M_0}{2} D_x \qquad (3-26)$$

$$V = -\frac{M_0 \lambda}{2} A_x \qquad (3-27)$$

式(3-24)~式(3-27)中的 A_x、B_x、C_x、D_x 分别与式(3-20)~式(3-23)中的相同。

对于其他类型的荷载,也可按上述方法求解。对于受多种荷载作用的无限长梁,可分别求解,然后用叠加原理求和。

3.1.2.3 集中力作用下的半无限长梁

半无限长梁是指梁的一端在荷载作用下产生挠曲和位移,随着离开荷载作用点的距离加大,挠曲和位移减小,直至无限远端,挠曲和位移为零,成为一无荷载端。半无限长梁的指数 $\lambda l > \pi$。

半无限长梁的边界条件为:

①当 $x = \infty$ 时，$\omega \to 0$；

②$x = 0$ 时，$M = M_0$，$V = -F$，见图 3-3。

根据荷载条件，同理可求出相应的梁的位移、内力和反力及其中所包含的系数。

表 3-2 列出了在集中力 F 和力偶 M_0 作用下半无限长梁的挠度(ω)、转角(θ)、弯矩(M)和剪力(V)的计算式。

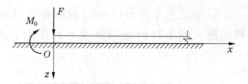

图 3-3　梁端有集中荷载的半无限长梁

表 3-2　半无限长梁的计算式

计算内容	梁端受集中力 F	梁端受力偶 M_0
挠度 ω	$\dfrac{2F\lambda}{K}D_x$	$\dfrac{2M_0\lambda^2}{K}C_x$
转角 θ	$-\dfrac{2F\lambda^2}{K}A_x$	$\dfrac{4M_0\lambda^2}{K}D_x$
弯矩 M	$-\dfrac{F}{\lambda}B$	M_0A_x
剪力 V	$-FC_x$	$-2M_0\lambda B_x$

3.1.2.4　集中力作用下的有限长梁

实际工程中的条形基础不存在真正的无限长梁或半无限长梁，都是有限长的梁。若梁不太长，荷载对两端的影响尚未消失，即梁端的挠曲或位移不能忽略，这种梁称为有限长梁。通常，当梁长满足荷载作用点距两端距离都有 $l < \pi/\lambda$ 时，该类梁即属于有限长梁的范围。有限长梁的长度下限是梁长 $l \geq \pi/4\lambda$，这时，梁的挠曲很小，可以忽略，称为刚性梁。

从以上分析中可知，无限长梁和有限长梁并不完全用一个绝对的尺度来划分，而要以荷载在梁端引起的影响是否可以忽略来判断。例如，当梁上作用有多个集中荷载时，对每一个荷载而言，梁按何种模式计算，就应根据作用点的位置与梁长，用表 3-3 进行判断。

表 3-3　基础梁的类型

梁长 l	集中荷载位置(距梁端)	梁的计算模式
$l \geq 2\pi\lambda$	距两端都有 $x \geq \dfrac{\pi}{\lambda}$	无限长梁
$l \geq \pi\lambda$	作用于梁端，距另一端有 $x \geq \dfrac{\pi}{\lambda}$	半无限长梁
$\dfrac{\pi}{4\lambda} < l < \dfrac{2\pi}{\lambda}$	距两端都有 $x < \dfrac{\pi}{\lambda}$	有限长梁
$l \leq \dfrac{\pi}{4\lambda}$	无关	刚性梁

有限长梁求解内力、位移的方法。可按无限长梁与半无限长梁的计算式,运用叠加原理求解。图 3-4 表示有限长梁 AB(梁 I)受集中力 F 作用,求解内力和位移的计算步骤。

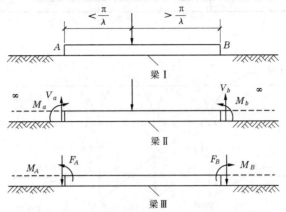

图 3-4　有限长梁内力、位移计算

(1)将梁 I 两端无限延伸,形成无限长梁 II,按无限长梁的方法求解梁 II 在集中力 F 作用下内力和位移,并求得在原来梁 I 的两端 A、B 点处产生的内力 M_a、V_a 和 M_b、V_b。梁 I 和梁 II A、B 段内力的差别在于前者 A、B 点的内力为零,而后 A、B 点的内力为 M_a、V_a、M_b、V_b。

(2)将梁 I 两端无限延伸,并在 A、B 点处分别加以待定的与内力 M_a、V_a 和 M_b、V_b 反向的外荷载 M_A、F_A 和 M_B、F_B,如图 3-4 中梁 III。利用前述公式和表 3-2 计算 M_A、F_A 和 M_B、F_B 在 A、B 点产生的内力 M_a'、V_a' 和 M_b'、V_b',显然它们都是外荷载 M_A、F_A 和 M_B、F_B 的线性函数。

(3)令 $M_a' = |M_a|$,$V_a' = |V_a|$;$M_b' = |M_b|$,$V_b' = |V_b|$,即可求得待定荷载 M_A、F_A 和 M_B、F_B 的实际数值。

(4)用确定后的荷载 M_A、F_A 和 M_B、F_B 作为梁 III 的外荷载,求解梁 III 的内力和位移,并将其与梁 II 的内力和位移相叠加,得出的结果就是有限长梁 AB 在荷载 F 作用下的内力和位移。

具体计算公式推演从略。

最后需要说明,当梁的长度 $l \leqslant \dfrac{\pi}{4\lambda}$ 时,梁的相对刚度很大,其挠曲很小,可以忽略不计,称为短梁或刚性梁。这类梁发生位移时,是平面移动,一般假设基底反力按直线分布,可按静力平衡条件求得,其截面弯矩及剪力也可由静力平衡条件按倒梁法求得。

【例3-1】　设一无限长梁上作用有集中荷载(设计值)$F_1 = F_2 = F_3 = 150$ kN,梁宽 $b = 1.0$ m,刚度 $EI = 3.48 \times 10^5$ kN·m²,地基土基床系数 $k = 50$ MN/m³。试求梁弯矩和剪力,如图 3-5 所示。

解:(1)求特征系数 λ 值。

$$\lambda = \sqrt[4]{\frac{bk}{4EI}} = \sqrt[4]{\frac{1.0 \times 50 \times 10^3}{4 \times 3.48 \times 10^5}} = 0.435 \, (\text{m}^{-1})$$

(2)计算荷载作用点处截面弯矩及剪力。

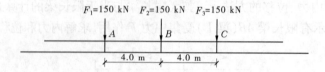

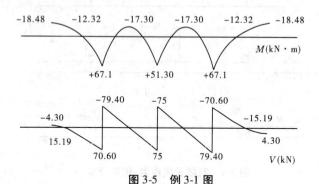

图 3-5　例 3-1 图

由式(3-16)和式(3-17)可知,弯矩 M、剪力 V 的计算式为

$$M = \frac{F}{4\lambda} C_x$$

$$V = \pm \frac{F}{2} D_x$$

①在 B 截面,以该点为坐标原点,则 $x = 0, \lambda x = 0, C_{xB} = D_{xB} = 1.0$。当 F_1、F_3 作用时,$x = 4.0, \lambda x = 0.435 \times 4.0 = 1.74$。据此,可计算出:

$$C_{xA} = C_{xC} = -0.2025$$

$$D_{xA} = D_{xC} = -0.02955$$

$$M_B = \frac{F}{4\lambda}(C_{xB} + C_{xA} + C_{xC}) = \frac{150}{4 \times 0.435} \times (1.0 - 0.2025 - 0.2025) = 51.30(\text{kN} \cdot \text{m})$$

$$V_B = \pm \frac{F}{2} D_{xB} - \frac{F}{2} D_{xA} + \frac{F}{2} D_{xC} = \pm \frac{150}{2} \times 1.0 = \pm 75(\text{kN})$$

②在 A 截面,以该点为坐标原点(同 C 截面),则

F_1 作用时,则 $x = 0, \lambda x = 0, C_x = 1.0, D_x = 1.0$。

F_2 作用时,则 $x = 4, \lambda x = 1.74, C_x = -0.025, D_x = -0.02955$。

F_3 作用时,则 $x = 8, \lambda x = 3.48, C_x = -0.01883, D_x = -0.02955$。

$$M_A = M_C = \frac{F}{4\lambda} C_x = \frac{150}{4 \times 0.435} \times (1.0 - 0.025 - 0.01883) = 67.1(\text{kN} \cdot \text{m})$$

$$V_A = \pm \frac{F}{2} D_x = \pm \frac{150}{2} \times 1.0 + \frac{150}{2} \times (-0.02955) + \frac{150}{2} \times (-0.02955)$$

$$= \begin{matrix} +70.60 \text{ kN} \\ -79.40 \text{ kN} \end{matrix}$$

$$V_C = \begin{matrix} +79.40 \text{ kN} \\ -70.60 \text{ kN} \end{matrix}$$

③求跨中弯矩 M_1、M_2。

F_1 作用时, $x = 2, \lambda x = 0.87, C_x = -0.0500, D_x = 1.0$。

F_2 作用时同 $F_1, C_x = -0.0500$。

F_3 作用时, $x = 6, \lambda x = 2.61, C_x = -0.10066, D_x = 1.0$。

$$M_1 = M_2 = \frac{F}{4\lambda} C_x = \frac{150}{4 \times 0.435} \times (-0.0500 - 0.0500 - 0.10066) = -17.30(\text{kN} \cdot \text{m})$$

(3)求 A、C 截面外测 2 m、4 m 处截面弯矩及剪力。

F_1、F_2、F_3 对 A、C 截面外测 $x_1 = 2$ m、$x_2 = 4$ m 各截面弯矩和剪力,仍按此方法进行,计算结果如图 3-5 所示。

【例 3-2】 如图 3-6 所示,在 A、B 两点分别作用着集中力 $F_A = F_B = 1\,000$ kN,力矩 $M_A = 60$ kN · m, $M_B = -60$ kN · m,求 AB 跨中点 O 的弯矩和剪力。已知梁的刚度 $EI = 4.5 \times 10^3$ MPa · m^4,梁宽 $b = 3.0$ m,地基土基床系数 $k = 3.8$ MN/m^3。

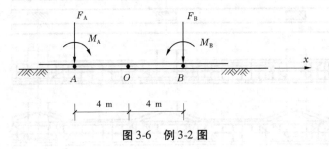

图 3-6　例 3-2 图

解:(1)求特征系数 λ 值。

$$\lambda = \sqrt[4]{\frac{bk}{4EI}} = \sqrt[4]{\frac{3.0 \times 3.8}{4 \times 4.5 \times 10^3}} = 0.1586(\text{m}^{-1})$$

(2)分别取 A、B 点为坐标原点,计算 A_x、C_x、D_x。

分别取 A、B 点为坐标原点,则有

$$x = \pm 4 \text{ m}, |x| = 4 \text{ m}$$

$$\lambda |x| = 0.1586 \times 4 = 0.6344$$

查表 3-1 内插得:$A_x = 0.7413, C_x = 0.1132, D_x = 0.4272$。

(3)求跨中点 O 的力矩 M_O。

由集中力在跨中点 O 产生的力矩为

$$M_{OF} = \frac{F_A}{4\lambda} C_x + \frac{F_B}{4\lambda} C_x = 2 \times \frac{1\,000}{4 \times 0.1586} \times 0.1132 = 356.9(\text{kN} \cdot \text{m})$$

由集中力在 O 点产生的力矩为

$$M_{OM} = -\frac{M_A}{2} D_x + \frac{M_B}{2} D_x = (-\frac{60}{2} - \frac{60}{2}) \times 0.4272 = -25.6(\text{kN} \cdot \text{m})$$

故　　　　　　　$M_O = 356.9 - 25.6 = 331.3(\text{kN} \cdot \text{m})$

(4)求跨中点 O 的剪力 V_O。

由集中力在跨中点 O 产生的剪力为

$$V_{OF} = \frac{F_A}{2} D_x - \frac{F_B}{2} D_x = (\frac{1\,000}{2} - \frac{1\,000}{2}) \times 0.4272 = 0$$

由集中力在 O 点产生的剪力为

$$V_{OM} = -\frac{M_A\lambda}{2}A_x - \frac{M_B\lambda}{2}A_x = -\frac{0.1586 \times 0.7413}{2} \times (60-60) = 0$$

$$V_O = V_{OF} + V_{OM} = 0 + 0 = 0$$

3.2　柱下条形基础

柱下条形基础由一个方向延伸的基础梁或由两个方向的交叉基础梁所组成（见图 3-7）。

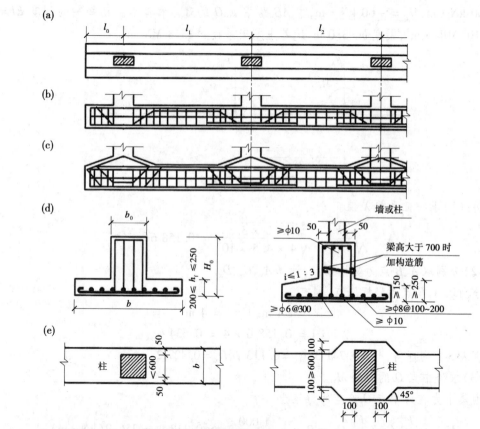

（a）平面图；（b）、（c）纵剖面图；（d）横剖面图；（e）现浇柱与条形基础交接处平面尺寸

图 3-7　柱下条形基础的构造　（单位：mm）

条形基础可以沿柱列单向平行配置，也可以双向相交于柱位处形成交叉条形基础。

条形基础的设计包括基础底面宽度的确定、基础长度的确定、基础高度及配筋计算，并满足一定的构造要求。

3.2.1　柱下条形基础的构造

柱下条形基础的构造见图 3-7。其横截面一般做成倒 T 形，下部伸出部分称为翼板，中间部分称为肋梁。

（1）翼板：厚度 $h_f \geqslant 200$ mm，宽度 b 按地基承载力计算确定。

（2）肋梁：高度 H_0 取柱距的 1/8 ~ 1/4，肋宽 b_0 应由截面的抗剪条件确定。

（3）两端：应伸出柱边，外伸悬臂长度 l_0 为边跨柱距的 1/4 ~ 1/3。

（4）钢筋。

①纵向受力钢筋：上部纵向受力钢筋通长配置，下部纵向受力钢筋至少有 2 根通长配置。

②腰筋：当肋梁的腹板高度大于或等于 450 mm 时，应配置直径大于 10 mm 的纵向构造腰筋。

③箍筋：肋梁中的箍筋应做成封闭式，箍筋直径大于或等于 8 mm。

④底板受力钢筋：直径大于 10 mm，间距为 100 ~ 200 mm。

（5）柱下条形基础的混凝土强度大于 C25，垫层的混凝土强度大于 C10，厚度为 100 mm。

3.2.2　柱下条形基础的计算

3.2.2.1　基础底面尺寸的确定

按上述构造要求确定基础长度 l，然后将基础视为刚性矩形基础，按地基承载力特征值确定基础底面宽度 b。

在按构造要求确定基础长度 l 后，应尽量使其形心与基础所受外合力重心相重合，此时基底反力为均匀分布，见图 3-8（a），基础宽度 b 可按式（2-14）确定；反之，偏心受荷［见图 3-8（b）］，基底应力沿长度呈梯形分布，基础宽度除应满足式（2-14）外，还应按式（2-21）验算确定。

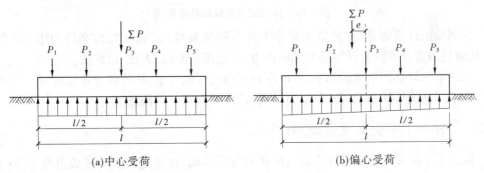

（a）中心受荷　　　　　　　　（b）偏心受荷

图 3-8　简化计算法的基底反力分布

3.2.2.2　翼板的计算

翼板可视为悬臂于肋梁两侧，按悬臂板考虑。若基础中心受荷，按斜截面的抗剪能力确定翼板厚度。

3.2.2.3　基础梁纵向内力分析

1. 静定分析法

基底净反力（P_j）：基础顶面标高以上部分的竖向荷载（不包括基础自重和周围土重）除以基底面积称为基底净反力，它是基础顶面标高以上部分的竖向荷载所产生的地基反力。

静定分析法是一种按线性分析基底净反力的简化计算方法，其适用前提是要求基础具有足够的相对抗弯刚度。

静定分析法假定基底反力呈线性分布,以此求得基底净反力 P_j,基础上所有的作用力都已确定(见图3-9),并按静力平衡条件计算出任意截面上的剪力 V 及弯矩 M,由此绘制出沿基础长度方向的剪力图和弯矩图,以此进行肋梁的抗剪、抗弯计算及配筋。

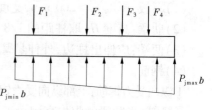

图3-9　静定分析法简图

静定分析法没有考虑基础与上部结构的相互作用,因而在荷载和直线分布的地基反力作用下产生整体弯曲。计算弯矩绝对值一般偏大。

2. 倒梁法

如图3-10所示,倒梁法认为上部结构是刚性的,各柱之间没有差异沉降,因而可把柱脚视为条形基础的支座,支座间不相对竖向位移,基础的挠曲变形不改变基底压力,并假定基底反力呈线性分布。

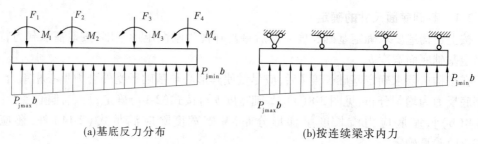

(a)基底反力分布　　　　　　　　　(b)按连续梁求内力

图3-10　用倒梁法计算地基梁简图

按倒梁法计算时,除柱的竖向集中力外各种荷载作用(包括柱传来的力矩)均为已知,按倒置的普通连续梁计算梁的纵向内力,如力矩分配法、力法、位移法。

用倒梁法计算的结果较均衡,基础不利截面的弯矩较小,柱荷载分布较均匀。但该计算模型不能全面反映基础的实际受力情况,设计时应该予以调整。

3.2.3　柱下十字交叉梁基础的计算

柱下十字交叉梁基础可视为双向的柱下条形基础,柱传递的竖向荷载由两个方向的条形基础承担。

柱传递的竖向荷载的分配应满足以下两个条件:

(1)静力平衡条件:在节点处分配给两个方向条形基础的荷载之和等于柱荷载。

$$P_i = P_{ix} + P_{iy} \tag{3-28}$$

(2)变形协调条件:分离后两个方向的条形基础在交叉点处的竖向位移应相等。

$$\omega_{ix} = \omega_{iy} \tag{3-29}$$

3.2.3.1　节点荷载的初步分配

柱节点分为中柱节点、边柱节点和角柱节点(见图3-11)。

1. 中柱节点

引入弹性特征长度 S:

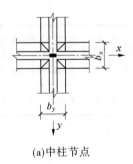
(a)中柱节点

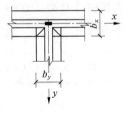
(b)边柱节点

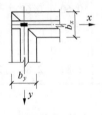
(c)角柱节点

图 3-11　交叉条形基础节点类型

$$S = \frac{1}{\lambda} = \sqrt[4]{\frac{4EI}{bk}} \qquad (3-30)$$

式中　λ——弹性地基梁的特征系数，m^{-1}，故其倒数 $1/\lambda$ 称为特征长度，$1/\lambda$ 愈大，梁的刚度愈大；

　　　E——基础梁的材料弹性模量，kN/m^2 或 kPa（弹性模量是材料在外力作用下产生单位变形所需要的应力，其值越大，刚度越大，变形越小）；

　　　I——梁截面惯性矩，m^4（惯性矩是衡量截面抗弯能力的一个几何参数，微元面积 $\text{d}A$ 与其指定轴线距离平方 y^2 的乘积 $y^2\text{d}A$ 定义为惯性矩）；

　　　k——地基的抗力系数（又称基床系数），kN/m^3；

　　　b——梁的宽度，m。

中柱节点 i 在 x、y 方向的荷载 P_{ix}、P_{iy} 分别为

$$P_{ix} = \frac{b_x S_x}{b_x S_x + b_y S_y} P_i \qquad (3-31)$$

$$P_{iy} = \frac{b_y S_y}{b_x S_x + b_y S_y} P_i \qquad (3-32)$$

式中　S_x、S_y——x、y 方向基础梁特征长度，m；

　　　b_x、b_y——x、y 方向基础梁宽度，m；

　　　P_i——作用在中柱节点 i 上的荷载，kPa。

2. 边柱节点

$$P_{ix} = \frac{4b_x S_x}{4b_x S_x + b_y S_y} P_i \qquad (3-33)$$

$$P_{iy} = \frac{b_y S_y}{4b_x S_x + b_y S_y} P_i \qquad (3-34)$$

对边柱有伸出悬臂长度的情况，可取悬臂长度 $l_y = (0.6 \sim 0.75)S_y$，荷载分配调整为

$$P_{ix} = \frac{\alpha b_x S_x}{\alpha b_x S_x + b_y S_y} P_i \qquad (3-35)$$

$$P_{iy} = \frac{b_y S_y}{\alpha b_x S_x + b_y S_y} P_i \qquad (3-36)$$

其中系数 α 可由表 3-4 查取。

表 3-4　计算系数 α、β 值

l/S	0.60	0.62	0.64	0.65	0.66	0.67	0.68	0.69	0.70	0.72	0.73	0.75
α	1.43	1.41	1.38	1.36	1.35	1.34	1.32	1.31	1.30	1.29	1.26	1.24
β	2.80	2.84	2.91	2.94	2.97	3.00	3.03	3.05	3.08	3.10	3.18	3.23

3. 角柱节点

当角柱节点有一个方向伸出时,悬臂长度 $l_y = (0.6 \sim 0.75)S_y$,载荷分配调整为

$$P_{ix} = \frac{\beta b_x S_x}{\beta b_x S_x + b_y S_y} P_i \tag{3-37}$$

$$P_{iy} = \frac{b_y S_y}{\beta b_x S_x + b_y S_y} P_i \tag{3-38}$$

其中系数 β 可由表 3-4 查取。

3.2.3.2　节点荷载分配的调整

按照以上方法进行柱荷载分配后,可分别按两个方向的条形基础计算。但这种计算在交叉点基底重叠面积重复计算了一次,结果使基底反力减小,致使计算结果偏于不安全,故按上述节点荷载分配后还需进行调整。

关于节点荷载分配调整的具体方法,请参考有关书籍,此处不再赘述。

【例 3-3】　如图 3-12 所示,十字交叉基础的各柱荷载:$P_1 = 1\,500$ kN,$P_2 = 2\,100$ kN,$P_3 = 2\,400$ kN,$P_4 = 1\,700$ kN,基础梁弹性模量 $E = 2.6 \times 10^7$ kPa,惯性矩 $I_{\mathrm{I}} = 0.029$ m^4,$I_{\mathrm{II}} = 0.011\,4$ m^4,地基土基床系数(地基的抗力系数)$k = 4$ MN/m^3。试进行节点 1、2、3 荷载的初步分配。

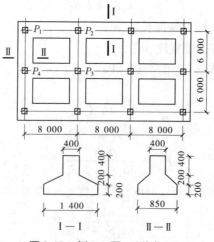

图 3-12　例 3-3 图　(单位:mm)

解:(1)求特征长度 S_x、S_y。

$$S_x = \frac{1}{\lambda_x} = \sqrt[4]{\frac{4EI_{\text{I}}}{b_1 k}} = \sqrt[4]{\frac{4 \times 2.6 \times 10^7 \times 0.029}{1.4 \times 4\,000}} = 4.82(\text{m})$$

$$S_y = \frac{1}{\lambda_y} = \sqrt[4]{\frac{4EI_{\text{II}}}{b_2 k}} = \sqrt[4]{\frac{4 \times 2.6 \times 10^7 \times 0.011\,4}{0.85 \times 4\,000}} = 4.32(\text{m})$$

（2）荷载分配。

对于角柱：

$$P_{1x} = \frac{b_x S_x}{b_x S_x + b_y S_y} P_1 = \frac{1.4 \times 4.82 \times 1\,500}{1.4 \times 4.82 + 0.85 \times 4.32} = 971.4(\text{kN})$$

$$P_{1y} = \frac{b_y S_y}{b_x S_x + b_y S_y} P_1 = \frac{0.85 \times 4.32 \times 1\,500}{1.4 \times 4.82 + 0.85 \times 4.32} = 528.6(\text{kN})$$

$$P_{1x} + P_{1y} = P_1 = 1\,500 \text{ kN}$$

对于中柱：

$$P_{3x} = \frac{b_x S_x}{b_x S_x + b_y S_y} P_3 = \frac{1.4 \times 4.82 \times 2\,400}{1.4 \times 4.82 + 0.85 \times 4.32} = 1\,554(\text{kN})$$

$$P_{3y} = \frac{b_y S_y}{b_x S_x + b_y S_y} P_3 = \frac{0.85 \times 4.32 \times 2\,400}{1.4 \times 4.82 + 0.85 \times 4.32} = 846(\text{kN})$$

$$P_{3x} + P_{3y} = P_3 = 2\,400 \text{ kN}$$

对于边柱：

$$P_{2x} = \frac{4 b_x S_x}{4 b_x S_x + b_y S_y} P_2 = \frac{4 \times 1.4 \times 4.82 \times 2\,100}{4 \times 1.4 \times 4.82 + 0.85 \times 4.32} = 1\,848.5(\text{kN})$$

$$P_{2y} = \frac{b_y S_y}{4 b_x S_x + b_y S_y} P_2 = \frac{0.85 \times 4.32 \times 2\,100}{4 \times 1.4 \times 4.82 + 0.85 \times 4.32} = 251.5(\text{kN})$$

3.3　筏形基础

当上部结构荷载过大时，可将柱下交叉梁基底下所有的底板连在一起，形成筏形基础。筏形基础可用于墙下，也可用于柱下。

筏形基础主要有等厚平板式筏基、上部肋梁式筏基、下部肋梁式筏基三种类型（见图 3-13）。

筏形基础自身刚度加大，可有效地调整建筑物的不均匀沉降，特别是结合地下室，对提高地基承载力极为有利。

3.3.1　筏形基础的结构和构造

非地震区：轴心荷载作用时 $\qquad P_k \leqslant f_a$ $\qquad$ (3-39)

$\qquad$ 偏心荷载作用时 $\qquad P_{k\max} \leqslant 1.2 f_a$ $\qquad$ (3-40)

地震区：轴心荷载作用时 $\qquad P_k \leqslant f_{aE}$ $\qquad$ (3-41)

$\qquad$ 偏心荷载作用时 $\qquad P_{k\max} \leqslant 1.2 f_{aE}$ $\qquad$ (3-42)

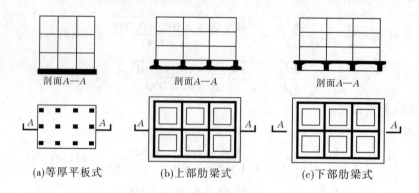

(a)等厚平板式　　　　(b)上部肋梁式　　　　(c)下部肋梁式

图 3-13　筏形基础示意图

式中　f_{aE}——调整后的地基地震承载力,kPa,$f_{aE}=\zeta_a f_a$;

　　　ζ_a——地基地震承载力调整系数,$\zeta_a=1.0\sim1.5$,按《建筑抗震设计规范(2016 年版)》(GB 50011—2010)的有关规定确定。

(1)筏形基础底面形心:与结构竖向合力作用点尽量重合。

(2)偏心距 e。

$$e \leqslant 0.1W/A \qquad\qquad (3-43)$$

式中　W——与偏心距方向一致的基础底面边缘抵抗矩,m³;

　　　A——基础底面面积,m²。

(3)筏形基础底板。

厚度:≥200 mm。

配筋率:0.5%~1.0%。

配筋长度:大部分应通长。

钢筋直径:≥12 mm,间距 100~200 mm。

混凝土强度:≥C30,最好采用抗硫酸盐水泥。

筏基底板边缘部位最好切角,并在板底配置辐射状钢筋(见图3-14)。地下室底层柱、剪力墙、基础梁的连接与构造见图3-15。

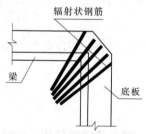

图 3-14　筏基底板切角及辐射状钢筋

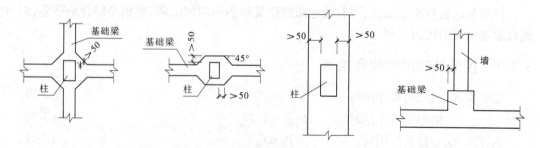

图 3-15　地下室底层柱、剪力墙、基础梁的连接与构造要求　(单位:mm)

3.3.2 筏形基础内力计算

3.3.2.1 倒楼盖法

倒楼盖法是将筏形基础视为一放置在地基上的楼盖,柱或墙视为该楼盖的支座,基底净反力为作用在楼盖上的外荷载,按混凝土结构中的单向梁板或双向梁板的肋梁楼盖方法进行内力计算。

(1)两方向柱网尺寸比小于 2,且柱网内无小梁,则筏板按双向多跨连续板计算,肋梁按多跨连续梁计算(柱荷载需先分配)。

(2)柱网内有小梁,底板为长宽比大于 2 的矩形格板,则筏板按单向板计算,主次肋梁仍按多跨连续梁计算。

3.3.2.2 弹性地基上板的简化计算

筏形基础刚度较弱时,应按弹性地基上的梁板进行分析。

(1)若柱网及荷载分布仍较均匀,可将筏形基础划分成相互垂直的条状板带,板带宽度即相邻柱中心线间的距离,并假定各条带彼此独立,相互无影响,按弹性地基梁的方法计算,即所谓的条带法。

(2)若柱距相差过大,荷载分布不均匀,则应按弹性地基上的板理论进行内力分析。

3.3.2.3 筏形基础结构承载力计算

按前述方法计算出筏形基础的内力后,还需按《混凝土结构设计规范(2015 年版)》(GB 50010—2010)中的有关规定计算基础梁的弯矩、剪力及冲切承载力,同时应满足规范中有关的构造要求。

以上内容将在钢筋混凝土结构课程中介绍,这里不再赘述。

3.4 箱形基础

箱形基础是由顶板、底板、内墙、外墙等组成的一种空间整体结构,由钢筋混凝土整体浇筑而成(见图 3-16)。

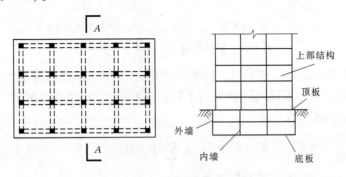

图 3-16 箱形基础组成示意图

箱形基础空间部分可设计成地下室、设备层、车库等,具有很大的刚度和整体性,能有效调整基础的不均匀沉降。由于埋深较大,土体对其有良好的嵌固与补偿效应,抗震性好,高层建筑基础采用较多。

3.4.1　箱形基础的构造

(1)箱形基础形心:尽量与竖向荷载合力作用点重合。

(2)箱形基础的高度(H):高度应满足强度、刚度要求,一般 $H \geqslant l/20$(l 为长度),并要大于或等于 3 m。

(3)箱形基础埋深(d):大于或等于 $H/15$。

(4)顶底板厚度:顶板大于或等于 150 mm,底板大于或等于 250 mm。

(5)墙体:墙体水平截面总面积大于箱形基础面积的 1/10;外墙厚度大于或等于 250 mm,内墙厚度大于或等于 200 mm。

(6)钢筋:采用双向、双层配筋, 大于或等于 Φ 10@200。

(7)混凝土强度:大于或等于 C25,防渗等级大于或等于 0.6 MPa。

3.4.2　地基反力计算

箱形基础的底面尺寸应按持力层土体承载力计算确定,并应进行软弱下卧层承载力验算,同时应满足地基变形要求。

土体承载力的验算与前述方法相同,计算地基变形时,仍采用前述的分层总和法(规范法)。

箱形基础典型实测资料表明,一般的软黏土地基,基础纵向地基反力分布呈马鞍形(见图 3-17),反力最大值的位置距基底端部为基础长边的 1/9 ~ 1/8,反力最大值为平均值的 1.06 ~ 1.34 倍。一般黏土地基纵向基底反力呈抛物线形,基底反力最大值为平均值的 1.25 ~ 1.37 倍。

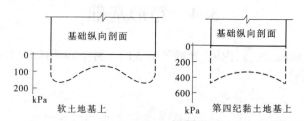

图 3-17　箱形基础实测基底反力分布图

我国有关规范中给出了基底反力的实用计算法,即把矩形基底分割为 8 × 5 = 40 个区格(方形 8 × 8 = 64 个),不同的区格采用不同的基底反力,如表 3-5 所示。其中第 i 个区格的基底反力按下式计算:

$$P_i = \alpha_i \sum_i^n P_m / bl \tag{3-44}$$

式中　$\sum P_m$——上部结构荷载和箱基自重之和,kN;

　　　b、l——箱形基础底板宽度、长度,m;

　　　n——上部荷载数量;

　　　α_i——相应区格的基底反力系数,见表 3-6 或表 3-7。

表 3-5　各区格基底反力分布

P_{12}	P_{11}	P_{10}	P_9	P_9	P_{10}	P_{11}	P_{12}
P_5	P_6	P_7	P_8	P_8	P_7	P_6	P_5
P_4	P_3	P_2	P_1	P_1	P_2	P_3	P_4
P_5	P_6	P_7	P_8	P_8	P_7	P_6	P_5
P_{12}	P_{11}	P_{10}	P_9	P_9	P_{10}	P_{11}	P_{12}

表 3-6　黏土地基反力系数

$l/b = 1$							
1. 381	1. 179	1. 128	1. 108	1. 108	1. 128	1. 179	1. 381
1. 179	0. 952	0. 898	0. 879	0. 879	0. 898	0. 952	1. 179
1. 128	0. 898	0. 841	0. 821	0. 821	0. 841	0. 898	1. 128
1. 108	0. 879	0. 821	0. 800	0. 800	0. 821	0. 879	1. 108
1. 108	0. 879	0. 821	0. 800	0. 800	0. 821	0. 879	1. 108
1. 128	0. 898	0. 841	0. 821	0. 821	0. 841	0. 898	1. 128
1. 179	0. 952	0. 898	0. 879	0. 879	0. 898	0. 952	1. 179
1. 381	1. 179	1. 128	1. 108	1. 108	1. 128	1. 179	1. 381
$l/b = 3 \sim 4$							
1. 265	1. 115	1. 075	1. 061	1. 061	1. 075	1. 115	1. 265
1. 073	0. 904	0. 865	0. 853	0. 853	0. 865	0. 904	1. 073
1. 046	0. 875	0. 835	0. 822	0. 822	0. 835	0. 875	1. 046
1. 073	0. 904	0. 865	0. 853	0. 853	0. 865	0. 904	1. 073
1. 265	1. 115	1. 075	1. 061	1. 061	1. 075	1. 115	1. 265
$l/b = 4 \sim 5$							
1. 229	1. 042	1. 014	1. 003	1. 003	1. 014	1. 042	1. 229
1. 096	0. 929	0. 904	0. 895	0. 895	0. 904	0. 929	1. 096
1. 082	0. 918	0. 893	0. 884	0. 884	0. 893	0. 918	1. 082
1. 096	0. 929	0. 904	0. 895	0. 895	0. 904	0. 929	1. 096
1. 229	1. 042	1. 014	1. 003	1. 003	1. 014	1. 042	1. 229
$l/b = 6 \sim 8$							
1. 214	1. 053	1. 013	1. 008	1. 008	1. 013	1. 053	1. 214
1. 083	0. 939	0. 903	0. 899	0. 899	0. 903	0. 939	1. 083
1. 070	0. 927	0. 892	0. 888	0. 888	0. 892	0. 927	1. 070
1. 083	0. 939	0. 903	0. 899	0. 899	0. 903	0. 939	1. 083
1. 214	1. 053	1. 013	1. 008	1. 008	1. 013	1. 053	1. 214

表 3-7　软土地区基底反力系数

0.906	0.966	0.814	0.738	0.738	0.814	0.966	0.906
1.124	1.197	1.009	0.914	0.914	1.009	1.197	1.124
1.235	1.314	1.109	1.006	1.006	1.109	1.314	1.235
1.124	1.197	1.009	0.914	0.914	1.009	1.197	1.124
0.906	0.966	0.814	0.738	0.738	0.814	0.966	0.906

注:表 3-6 和表 3-7 中的 l、b 分别为包括悬挑部分在内的箱形基础底板的长度、宽度。

表 3-6、表 3-7 适用于上部结构与荷载比较均匀的框架结构,地基土比较均匀,底板悬挑部分不超过 0.8 m,不考虑相邻建筑物影响及满足各项构造要求的单幢建筑物的箱形基础。

箱形基础内力分析及强度计算一般是应用专业软件进行计算和分析的,应用时,应针对具体的地质条件、荷载特点等,合理选择有关计算参数,并进行模型的识别、验证和边界条件检验,在此基础上进行初步试算,根据试算结果,修改有关参数、边界条件和计算模型,最后进行详细分析和计算,此处不再赘述。

思考题与习题

3-1　什么是连续基础?

3-2　基础压力与沉降量有什么关系?

3-3　弹性地基上的梁有什么特点?

3-4　如何划分无限长梁、半无限长梁、有限长梁和短梁?

3-5　文克勒地基上梁的通解和特解各有什么特点?

3-6　试述地基梁的特征系数(λ)和特征长度($1/\lambda$)的意义。

3-7　柱下条形基础在构造上有什么要求?

3-8　静定分析法和倒梁法有什么差别?

3-9　对柱下十字交叉梁基础,如何进行节点荷载的初步分配?

3-10　筏形基础和箱形基础有何主要差别?

3-11　根据例 3-1 的资料和图 3-5,计算 F_1、F_2、F_3 对 A、C 截面外侧 $x_1 = 2$ m、$x_2 = 4$ m 各截面的弯矩和剪力。

3-12　现有总长为 26 m 的弹性地基梁(见图 3-18),梁底宽 1.0 m,梁截面刚度 $EI = 3.48 \times 10^5$ kN · m^2,地基土基床系数 $k = 50$ MN/m^3,地基上荷载设计分别为 $F_1 = F_5 = 400$ kN,$F_2 = F_3 = F_4 = 800$ kN,$M_1 = -M_4 = -20$ kN · m,$M_2 = -M_3 = -40$ kN · m。

(1)按半无限长梁及无限长梁计算梁中点 O 处挠度(ω)及弯矩 M。(提示:F_3 作用时按无限长梁,F_2、M_2 和 F_4、M_3 作用时可近似按无限长梁,F_1、M_1 和 F_5、M_4 作用时可按半无限长梁)

(2)求 O 处地基静反力 P_{jO}。

（参考答案：$\omega_0 = 3.33$ mm，$M_0 = 378.45$ kN·m，$P_{j0} = 165$ kPa）

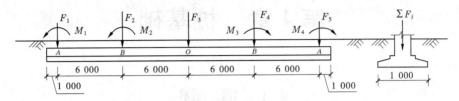

图 3-18　思考题与习题 3-13 图　（单位：mm）

3-13　图 3-19 所示为承受对称性荷载的钢筋混凝土条形基础，梁长 $l = 17$ m，底宽 $b = 2.5$ m，基础抗弯刚度 $EI = 4.3 \times 10^3$ MPa·m^4，地基土厚度 5 m，压缩模量 $E_s = 10$ MPa。试计算基础的基底静反力、基础梁内力及中点挠度。

3-14　图 3-20 为一柱下交叉梁轴线图。x、y 轴为基底平面和柱荷载的对称轴。x、y 方向纵、横梁的宽度和截面抗弯刚度分别为 $b_x = 1.4$ m、$b_y = 1.8$ m、$EI_x = 800$ MPa·m^4、$EI_y = 500$ MPa·m^4，地基土基床系数 $k = 5$ MN/m^3。已知柱的竖向荷载 $F_1 = 1.3$ MN，$F_2 = 2.2$ MN，$F_3 = 1.5$ MN。试将各荷载初步分配到纵横梁上（各荷载分配后的荷载不调整）。

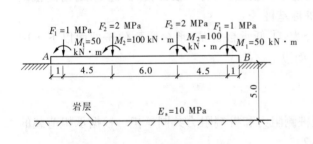

图 3-19　思考题与习题 3-14 图　（单位：m）

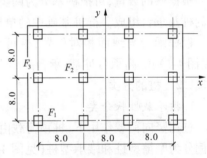

图 3-20　思考题与习题 3-15 图

3-15　某工程建筑如图 3-12 所示，试计算节点 4 的荷载初步分配。

（参考答案：$P_{4x} = 535.2$ kN，$P_{4y} = 1164.8$ kN）

第4章　桩基础

4.1　概　述

桩基础又称桩基,它是一种常用而古老的深基础形式。桩基础的优点是承载力高,稳定性好,沉降稳定性快和沉降变形小,抗震能力强,能适应各种复杂地质条件,在工程中应用广泛。

桩基础的适用条件:地基土上覆软土层很厚,下部有坚硬地层。

4.1.1　桩基和桩的分类

4.1.1.1　桩基的分类

根据桩的数量,可把桩基分为两类:①单桩基础:只有一根桩;②群桩基础:由两根以上的桩及承台组成。群桩基础中的单桩称基桩。

根据承台与地面相对位置,桩可分为:①低承台桩基:承台底面位于地面以下土中(见图4-1);②高承台桩基:承台高出土面以上。

4.1.1.2　桩的分类

1. 按承载性状分类

桩在竖向荷载作用下,桩顶荷载由桩侧阻力和桩端阻力共同承担。根据承担荷载的比例分为摩擦型桩和端承型桩(见图4-2)。

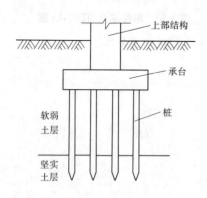

图4-1　低承台桩基示意图　　　　图4-2　摩擦型桩和端承型桩

1)摩擦型桩

摩擦型桩即桩顶荷载全部或主要由桩侧阻力承担。根据桩侧阻力分担荷载的比例,摩擦型桩又可进一步分为摩擦桩和端承摩擦桩。

摩擦桩:桩顶荷载主要由桩侧阻力承担。

端承摩擦桩:桩顶荷载由桩侧阻力和桩端阻力共同承担。但桩侧阻力分担荷载较大。

2）端承型桩

端承型桩即桩顶荷载全部或主要由桩端阻力承担。根据桩端阻力分担荷载的比例，端承型桩又可进一步分为端承桩和摩擦端承桩。

端承桩：桩顶极限荷载绝大部分由桩端阻力承担，桩侧阻力可忽略不计。

摩擦端承桩：桩端阻力分担荷载较大，桩侧分担阻力较小。

2. 按施工方法分类

根据施工方法不同，桩可分为预制桩和灌注桩两大类（见图 4-3）。

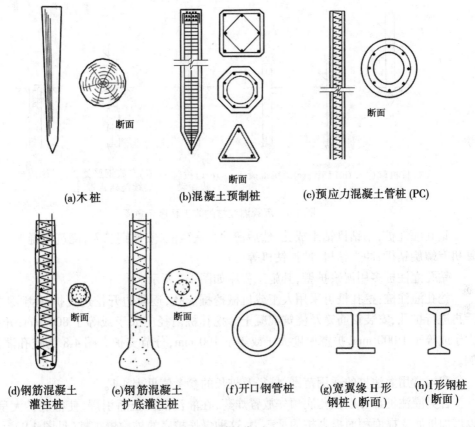

(a)木桩　　(b)混凝土预制桩　　(c)预应力混凝土管桩 (PC)

(d)钢筋混凝土灌注桩　(e)钢筋混凝土扩底灌注桩　(f)开口钢管桩　(g)宽翼缘 H 形钢桩（断面）　(h)I 形钢桩（断面）

图 4-3　桩的类型

1）预制桩

在工厂或现场先预制桩，然后在现场经锤击、振动、静压或旋入等方式将桩设置就位。按桩的材料，主要有混凝土预制桩、钢桩、木桩等。预应力混凝土管桩（见图 4-4、图 4-5）使用较多。

2）灌注桩

灌注桩是直接在所设计桩位处成孔，然后在孔内下放钢筋笼，再浇筑混凝土而成。其横断面通常为圆形。

灌注桩通常可分为沉管灌注桩、钻孔灌注桩和挖孔桩。

沉管灌注桩：利用锤击或振动等方法沉管成孔，然后浇筑混凝土，拔出套管，其施工程序如图 4-6 所示。

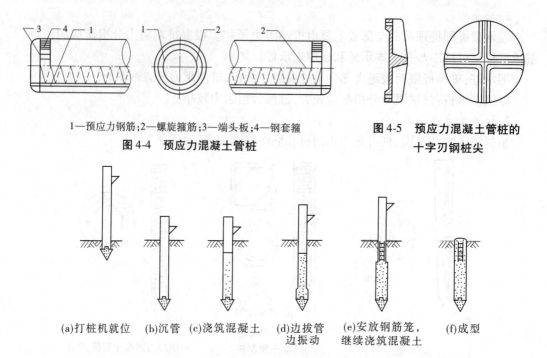

1—预应力钢筋;2—螺旋箍筋;3—端头板;4—钢套箍

图 4-4　预应力混凝土管桩

图 4-5　预应力混凝土管桩的十字刃钢桩尖

(a)打桩机就位　(b)沉管　(c)浇筑混凝土　(d)边拔管边振动　(e)安放钢筋笼,继续浇筑混凝土　(f)成型

图 4-6　沉管灌注桩的施工程序示意图

钻孔灌注桩:用钻机钻土成孔,然后清除孔底残渣,安放钢筋笼,浇筑混凝土。常用的钻机有螺旋钻机、冲击钻机、冲抓钻机等。

钻孔灌注桩多用泥浆护壁,其施工程序如图 4-7 所示。

挖孔灌注桩:挖孔桩可采用人工或机械挖掘成孔,逐段边开挖边支护,达到所需深度后再进行扩孔、安装钢筋笼及浇筑混凝土。挖孔桩内径应大于或等于 800 mm,开孔直径大于或等于 1 000 mm,护壁厚度大于或等于 100 mm,分节支护。图 4-8 为挖孔灌注桩示例。

我国常用灌注桩的适用范围、桩径及桩长的参考值见表 4-1。

各类灌注桩都可以在孔底预先放置炸药,在灌注混凝土后引爆,使桩底扩大呈球形,以增加桩底支撑面积而提高桩的承载力,这种爆炸扩底的桩称爆扩桩(见图 4-9)。

3. 按桩的设置效应分类

1)非挤土桩

非挤土桩有钻孔灌注桩、机挖井形灌注桩、洛阳铲成孔灌注桩等,因在成孔过程中清除孔中土体,桩周土不受排挤作用。

2)部分挤土桩

部分挤土桩有冲击成孔灌注桩、打入式预制桩、预应力混凝土管桩等,在桩的设置过程中对桩周土体稍有排挤作用,但土的强度及变形性质变化不大。

3)挤土桩

实心预制桩、下端封闭的管桩、沉管灌注桩等在锤击和振动过程中都要将桩位处的土体大量排挤开,使土的结构严重扰动破坏。应采用扰动土样进行计算。

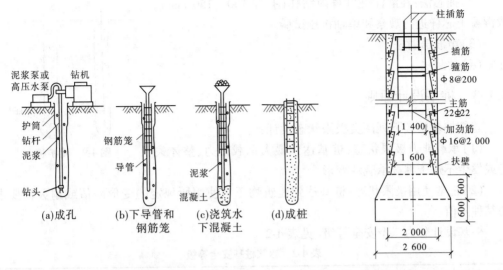

<table>
<tr><td>图 4-7　钻孔灌注桩的施工程序示意图</td><td>图 4-8　挖孔灌注桩示例　（单位:mm）</td></tr>
</table>

表 4-1　常用灌注桩的适用范围、桩径及桩长

成孔方法		桩径（mm）	桩长（m）	适用范围
泥浆护壁成孔	冲抓 冲击 回转钻	≥800	≤30 ≤50 ≤80	碎石土、砂类土、粉土、黏性土及风化岩。当进入中等风化和微风化岩层时,冲击成孔的速度比回转钻快
	潜水钻	500~800	≤50	黏性土、淤泥、淤泥质土及砂类土
干作业成孔	螺旋钻	300~800	≤30	地下水位以上的黏性土、粉土、砂类土及人工填土
	钻孔扩底	300~600	≤30	地下水位以上坚硬、硬塑的黏性土及中密以上砂类土
	机动洛阳铲	300~500	≤20	地下水位以上的黏性土、粉土、黄土及人工填土
沉管成孔	锤击	340~800	≤30	硬塑黏性土、粉土及砂类土,直径大于或等于 600 mm 的可达强风化岩
	振动	400~500	≤24	可塑黏性土、中细砂
爆扩成孔		≤350	≤12	地下水位以上的黏性土、黄土、碎石土及风化岩
人工挖孔		≥100	≤40	黏性土、粉土、黄土及人工填土

4.1.2　桩的质量检查

　　桩基属于地下隐蔽工程,尤其是灌注桩,很容易出现缩颈、夹泥、断桩或沉渣过厚等多种形态的质量缺陷。为此,必须进行桩的质量检查,以保证质量,减少隐患。

　　(1)开挖检查。

（2）抽芯法：在灌注桩桩身内钻孔（孔径 100～150 mm），取混凝土芯样进行观察和单轴抗压试验。

（3）声波透射法。

（4）动测法。

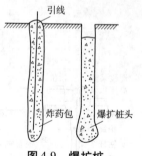

图 4-9　爆扩桩

4.1.3　桩基设计原则

建筑桩基应按下列两类极限状态设计：

（1）承载能力极限状态：桩基达到最大承载能力、整体失稳或发生不适于继续承载的变形。

（2）正常使用极限状态：桩基达到建筑物正常使用所规定的变形限值或耐久性要求的某种限值。

桩基设计分为三个安全等级（见表 4-2）。

表 4-2　建筑桩基安全等级

设计等级	建筑物类型
甲级	（1）重要的建筑； （2）30 层以上或高度超过 100 m 的高层建筑； （3）体形复杂且层数相差超过 10 层的高低层（含纯地下室）连体建筑； （4）20 层以上框架 – 核心筒结构及其他对差异沉降有特殊要求的建筑； （5）场地和地基条件复杂的 7 层以上的一般建筑及坡地、岸边建筑； （6）对相邻既有工程影响较大的建筑
乙级	除甲级、丙级外的建筑
丙级	场地和地基条件简单、荷载分布均匀的 7 层及 7 层以下的一般建筑

（1）所有桩基均应根据具体条件分别进行承载能力计算和稳定性计算。

（2）一般来说，设计等级为甲级的建筑桩基，应进行变形（沉降）验算。

（3）特定条件下还应进行抗裂缝计算。

4.2　竖向荷载下单桩的工作性能

4.2.1　桩的荷载传递

桩在竖向荷载作用下，桩身材料会产生弹性压缩变形，桩和桩侧土之间产生相对位移，因而桩侧土对桩身产生向上的侧摩阻力。如果桩侧摩阻力不足以抵抗竖向荷载，一部分竖向荷载会传递到桩底，桩底持力层也会压缩变形，桩底土也会对桩端产生阻力。

通过桩侧摩阻力和桩端阻力，桩将荷载传给土体。

设桩顶竖向荷载为 Q，桩侧总阻力为 Q_s，桩端总阻力为 Q_p，由静力平衡条件可得：

$$Q = Q_s + Q_p \tag{4-1}$$

式中　Q——单桩竖向荷载;

　　　Q_s——单桩侧总阻力;

　　　Q_p——单桩端总阻力。

单桩轴向荷载传递曲线参见图 4-10。

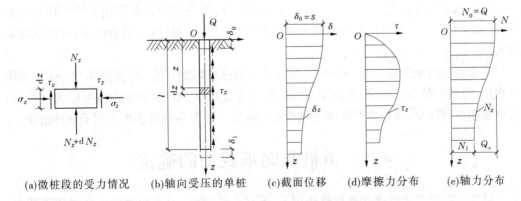

(a)微桩段的受力情况　　(b)轴向受压的单桩　　(c)截面位移　　(d)摩擦力分布　　(e)轴力分布

图 4-10　单桩轴向荷载传递

桩基在竖向荷载 Q 作用下,侧阻与端阻的发挥程度与多种因素有关,并且侧阻与端阻也是相互影响的。

一般来说,侧阻与端阻的发挥程度与桩土之间的相对位移情况有关,并且桩侧阻力的发挥先于桩端阻力。

轴向压力下的桩荷载传递与其长径比 l/d 及桩端土的相对刚度 R_{bs} 有关。

4.2.2　单桩的破坏模式

单桩在轴向荷载(Q)作用下,其破坏模式主要取决于桩周土的抗剪强度、桩端支撑情况、桩的尺寸及桩的类型等条件(见图 4-11)。

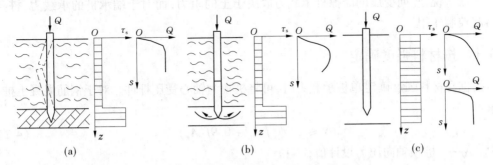

(a)　　　　　　　　　　(b)　　　　　　　　　　(c)

图 4-11　轴向荷载下单桩的破坏模式

4.2.2.1　压屈破坏

当桩底支撑在坚硬的土层或岩层上时,桩周土层极为软弱,桩身无约束或无侧向抵抗力,桩如一细长杆出现纵向压屈破坏,荷载沉降关系(Q—s)曲线为急剧破坏的陡降型[见图 4-11(a)]。

穿越深厚淤泥质土层中的小直径端承桩或嵌岩桩、细长的木桩等多属于此种破坏。

4.2.2.2　整体剪切破坏

当具有足够强度的桩穿过抗剪强度较低的土层,达到抗剪强度较高的土层,且桩的长度不大时,荷载沉降关系($Q—s$)曲线也为陡降型[见图 4-11(b)]。

4.2.2.3　刺入破坏

当桩入土深度较大或桩周土抗剪强度较均匀时,桩在轴向荷载作用下将出现刺入破坏[见图 4-11(c)]。此时,桩顶荷载主要由桩侧摩阻力承担,桩端阻力极小,桩的沉降量较大。

一般当桩周土质较弱时,$Q—s$ 关系曲线为渐进破坏的缓变型[见图 4-11(c)],无明显拐点,极限荷载难以确定;当桩周土的抗剪强度较高时,$Q—s$ 关系曲线可能为陡降型,有明显拐点,桩的承载力主要取决于桩周土的强度。一般钻孔灌注桩多属于此种情况。

4.3　单桩竖向承载力的确定

单桩承载力是指单桩在外荷载作用下,不丧失稳定性、不产生过大变形时的承载力。确定单桩承载力是桩基设计最基本的内容。

单桩在竖向荷载作用下到达破坏状态前或出现不适于继续承载的变形时所对应的最大荷载,称单桩竖向极限承载力。

在设计时,不应使桩在极限状态下工作,必须有一定的安全储备。

在竖向荷载作用下,桩丧失承载能力一般表现为两种形式:

(1)桩周土岩的阻力不足,桩发生急剧且量大的竖向位移;

(2)桩身材料的强度不够,桩身被压坏或拉坏。

因此,桩的竖向承载力应分别根据桩周土岩的阻力和桩身强度确定,采用其中的较小者。

一般来说,竖向受压的摩擦桩承载力取决于土的阻力,而对于端承桩的承载力,桩身材料起控制作用。

4.3.1　按材料强度确定

按桩身材料强度确定单桩承载力时,可将桩视为轴心受压杆件。对于钢筋混凝土桩,要求:

$$N \leq \varphi(\psi_c f_c A_p + 0.9 f'_y A_g) \tag{4-2}$$

式中　N——桩顶轴向压力设计值,kN;

f_c——混凝土轴向抗压强度设计值,kPa;

f'_y——纵向主筋抗压强度设计值,kPa;

A_p——桩身的横截面面积,m^2;

A_g——纵向主筋截面面积,m^2;

φ——桩的稳定系数,$\varphi \leq 1.0$;

ψ_c——基桩成桩工艺系数,$\psi_c = 0.60 \sim 0.90$。

4.3.2　按单桩竖向抗压静载荷试验法确定

单桩竖向抗压静载荷试验是评价单桩承载力最直接、最可靠的方法。甲、乙级建筑桩基应采用该法确定单桩竖向极限承载力。

4.3.2.1　静载荷试验装置及方法

试验装置主要由加荷稳压、提供反力和沉降观测三部分组成(见图 4-12)。桩顶的油压千斤顶对桩顶施加压力,千斤顶的反力由锚桩、压重平台的重力或若干根地锚组成的伞状装置来平衡。安装在基准梁上的百分表或电子位移计用于量测桩顶的沉降。

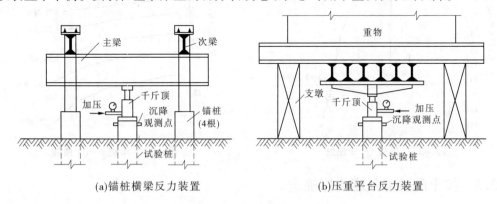

(a)锚桩横梁反力装置　　　　　　(b)压重平台反力装置

图 4-12　单桩竖向抗压静载荷试验的加载装置

工程中,试验时加载方式常用慢速维持荷载法,即逐级加载,每级荷载约为最大加载量或预估单桩承载力的 1/10,当每级荷载下桩顶沉降量小于或等于 0.1 mm/h 时,则认为已趋稳定,然后施加下一级荷载直到试桩破坏,再分级卸载到零。

有时,也用快速维持荷载法,即一般每隔 1 h 加一级荷载。

4.3.2.2　终止加载条件

出现下列情况之一时即可终止加载:

(1)某级荷载下,桩顶沉降量为前一级荷载下沉降量的 5 倍。

(2)某级荷载下,桩顶沉降量大于前一级荷载下沉降量的 2 倍,且经 24 h 尚未达到相对稳定。

(3)已达到设计要求的最大加载量时。

4.3.2.3　按试验成果确定单桩承载力

一般认为,当桩顶发生剧烈或不停滞的沉降时,桩处于破坏状态,相应的荷载称为极限荷载(极限承载力 Q_u)。

由桩的静载荷试验结果绘制荷载与桩顶沉降 $Q—s$ 关系曲线,再根据 $Q—s$ 曲线特性,按下述方法确定单桩竖向极限承载力。

1.根据沉降随荷载的变化特征确定 Q_u

对于陡降型 $Q—s$ 曲线,取拐点处对应的荷载为 Q_u,如图 4-13 中的曲线①。

2.根据沉降量确定 Q_u

对于缓变型 $Q—s$ 曲线,一般可取 $s = 40$ mm,对应的荷载值为 Q_u,如图 4-13 中的曲线②。

此外,也可根据沉降随时间的变化特征确定 Q_u,取 s—$\lg t$ 曲线(见图 4-14)尾部出现明显向下弯曲的前一级荷载作为 Q_u。

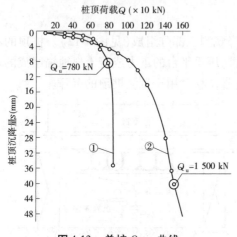

图 4-13　单桩 Q—s 曲线

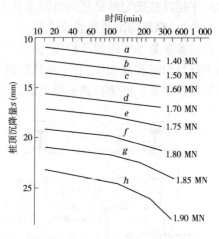

图 4-14　单桩 s—$\lg t$ 曲线

4.3.3　按土的抗剪强度指标确定

单桩极限承载力 Q_u 一般可用下式表示:

$$Q_u = Q_{su} + Q_{pu} - (G - \gamma A_p l) \tag{4-3}$$

式中　Q_{su}、Q_{pu}——桩侧总极限摩阻力和桩端总极限阻力;

　　　　G、γ——桩的自重和桩长以内土的平均重度;

　　　　A_p、l——桩的面积和桩长;

　　　　$G - \gamma A_p l$——因桩的设置而附加于地基的重力,$\gamma A_p l$ 为与桩同体积的土重,常假设其值等于桩重 G,故式(4-3)可简化为

$$Q_u = Q_{su} + Q_{pu} \tag{4-4}$$

对于黏性土中的桩,计算式为

$$Q_u = u \sum c_{ai} l_i + c_u N_c A_p \tag{4-5}$$

式中　c_u——桩底以上 $3d$(d 为桩的直径或宽度)至桩底以下 $1d$ 范围内的不排水抗剪强度平均值;

　　　　N_c——地基承载力系数,当桩的长径比 $l/d > 5$ 时,$N_c = 9$;

　　　　A_p——桩端面积;

　　　　u——桩身周长;

　　　　l_i——第 i 层土的厚度;

　　　　c_{ai}——第 i 层土桩之间的附着力,$c_{ai} = \alpha c_u$,α 为取决于桩进入黏性土层深度与桩径之比 h_c/d 的系数,当 $h_c/d < 20$ 时,硬黏土取 $\alpha = 1.25$,软黏土 $\alpha = 0.4$。

4.3.4　按静力触探法确定

静力触探是将圆锥形的金属探头,以静力方式按一定的速率均匀压入土中,借助探头的传感器,测出探头侧阻f_s及端阻q_c。探头由浅入深测出各种土层的这些参数后,即可算出单桩承载力。

根据探头构造的不同,又可分为单桥探头和双桥探头。一般常用双桥探头,可同时测出探头侧阻f_s及端阻q_c。

静力触探的优点是:属于小尺寸打入桩的现场模拟试验和原位测试方法,设备简单,自动化程度高。

静力触探试验设备主要由三部分组成:一是探头部分;二是贯入装置;三是量测装置。探头有单桥探头、双桥探头、多用探头三种类型(见图4-15)。

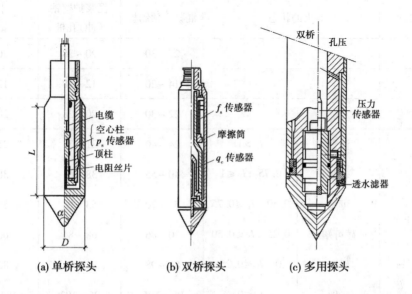

(a) 单桥探头　　　　**(b) 双桥探头**　　　　**(c) 多用探头**

图4-15　静力触探仪探头

当按双桥探头资料确定预制桩单桩竖向极限承载力标准值Q_{uk}时,可按下式计算:

$$Q_{uk} = \alpha q_c A_p + u \sum l_i \beta_i f_{si} \tag{4-6}$$

式中　q_c——桩端平面上、下探头阻力,kPa;

f_{si}——第i层土的探头平均侧阻力,kPa;

α——桩端阻力修正系数,黏性土、粉土取2/3,饱和砂土取1/2;

β_i——第i层土桩侧阻力综合修正系数,按式(4-7)、式(4-8)计算。

黏性土和粉土:

$$\beta_i = 10.04 f_{si}^{-0.55} \tag{4-7}$$

砂类土:

$$\beta_i = 5.05 f_{si}^{-0.45} \tag{4-8}$$

4.3.5　按经验公式法确定

4.3.5.1　一般预制桩及中小直径灌注桩

对预制桩和桩径$d < 800$ mm的灌注桩,单桩竖向极限承载力标准值Q_{uk}可按下式计算:

$$Q_{uk} = Q_{sk} + Q_{pk} = u \sum q_{sik} l_i + q_{pk}A_p \qquad (4\text{-}9)$$

式中　Q_{sk}——单桩总极限侧阻力标准值,kN;

　　　Q_{pk}——单桩总极限端阻力标准值,kN;

　　　u——桩身周长;

　　　A_p——桩端面积;

　　　q_{sik}——第 i 层土极限桩侧阻力标准值,kPa,见表4-3。

　　　q_{pk}——极限端阻力标准值,kPa,按表4-4 取值。

表 4-3　桩的极限侧阻力标准值 q_{sik}

土的名称	土的状态		混凝土预制桩	泥浆护壁钻(冲)孔桩	干作业钻孔桩
填土			22 ~ 30	20 ~ 28	20 ~ 28
淤泥			14 ~ 20	12 ~ 18	12 ~ 18
淤泥质土			22 ~ 30	20 ~ 28	20 ~ 28
黏性土	流塑	$I_L > 1$	24 ~ 40	21 ~ 38	21 ~ 38
	软塑	$0.75 < I_L \leqslant 1$	40 ~ 55	38 ~ 53	38 ~ 53
	可塑	$0.50 < I_L \leqslant 0.75$	55 ~ 70	53 ~ 68	53 ~ 66
	硬可塑	$0.25 < I_L \leqslant 0.50$	70 ~ 86	68 ~ 84	66 ~ 82
	硬塑	$0 < I_L \leqslant 0.25$	86 ~ 98	84 ~ 96	82 ~ 94
	坚硬	$I_L \leqslant 0$	98 ~ 105	96 ~ 102	94 ~ 104
红黏土	$0.7 < a_w \leqslant 1$		13 ~ 32	12 ~ 30	12 ~ 30
	$0.5 < a_w \leqslant 0.7$		32 ~ 74	30 ~ 70	30 ~ 70
粉土	稍密	$e > 0.9$	26 ~ 46	24 ~ 42	24 ~ 42
	中密	$0.75 \leqslant e < 0.9$	46 ~ 66	42 ~ 62	42 ~ 62
	密实	$e < 0.75$	66 ~ 88	62 ~ 82	62 ~ 82
粉细砂	稍密	$10 < N \leqslant 15$	24 ~ 48	22 ~ 46	22 ~ 46
	中密	$15 < N \leqslant 30$	48 ~ 66	46 ~ 64	46 ~ 64
	密实	$N > 30$	66 ~ 88	64 ~ 86	64 ~ 86

注:1. 对于尚未完成自重固结的填土和以生活垃圾为主的杂填土,不计算其侧阻力;

　　2. a_w 为含水比,$a_w = \omega/\omega_L$,ω 为土的天然含水量,ω_L 为土的液限;

　　3. N 为标准贯入击数,$N_{63.5}$ 为重型圆锥动力触探击数;

　　4. 全风化、强风化软质岩和全风化、强风化硬质岩是指其母岩分别为 $f_{rk} \leqslant 15$ MPa、$f_{rk} > 30$ MPa 的岩石。

续表 4-3

土的名称	土的状态		混凝土预制桩	泥浆护壁钻（冲）孔桩	干作业钻孔桩
中砂	中密	$15 < N \leq 30$	54 ~ 74	53 ~ 72	53 ~ 72
	密实	$N > 30$	74 ~ 95	72 ~ 94	72 ~ 94
粗砂	中密	$15 < N \leq 30$	74 ~ 95	74 ~ 95	76 ~ 98
	密实	$N > 30$	95 ~ 116	95 ~ 116	98 ~ 120
砾砂	稍密	$5 < N_{63.5} \leq 15$	70 ~ 110	50 ~ 90	60 ~ 100
	中密（密实）	$N_{63.5} > 15$	116 ~ 138	116 ~ 130	112 ~ 130
圆砾、角砾	中密、密实	$N_{63.5} > 10$	160 ~ 200	135 ~ 150	135 ~ 150
碎石、卵石	中密、密实	$N_{63.5} > 10$	200 ~ 300	140 ~ 170	150 ~ 170
全风化软质岩		$30 < N \leq 50$	100 ~ 120	80 ~ 100	80 ~ 100
全风化硬质岩		$30 < N \leq 50$	140 ~ 160	120 ~ 140	120 ~ 150
强风化软质岩		$N_{63.5} > 10$	160 ~ 240	140 ~ 200	140 ~ 220
强风化硬质岩		$N_{63.5} > 10$	220 ~ 300	160 ~ 240	160 ~ 260

4.3.5.2　大直径灌注桩

对于桩径 $d > 800$ mm 的大直径桩，其侧阻及端阻要考虑尺寸效应。大直径桩的 Q_{uk} 可按下式计算：

$$Q_{uk} = Q_{sk} + Q_{pk} = u \sum \psi_{si} q_{sik} l_i + \psi_p q_{pk} A_p \tag{4-10}$$

式中　q_{sik}——桩侧第 i 层土的极限侧阻力标准值，kPa，按表 4-3 取值；

　　　q_{pk}——桩径 $d = 800$ mm 的极限端阻力标准值，kPa，按表 4-4 取值；

　　　ψ_{si}、ψ_p——大直径桩侧阻力尺寸效应系数、端阻力尺寸效应系数，按表 4-5 取值；

　　　u——桩身周长。

4.3.6　单桩竖向承载力特征值

为了工程安全和留有承载能力储备，通常，单桩承载力特征值（R_a）取其极限承载力标准值（Q_{uk}）的一半，即

$$R_a = Q_{uk}/k \tag{4-11}$$

式中　R_a——单桩承载力特征值；

　　　Q_{uk}——极限承载力标准值；

　　　k——安全系数，通常取 $k = 2$。

表 4-4　桩的极限端阻力标准值 q_{pk}

（单位:kPa）

土名称	土的状态	混凝土预制桩桩长 l(m)				泥浆护壁钻(冲)孔桩桩长 l(m)				干作业钻孔桩桩长 l(m)		
		l≤9	9<l≤16	16<l≤30	l>30	5≤l<10	10≤l<15	15≤l<30	l≥30	5≤l<10	10≤l<15	l≥15
黏性土	软塑 $0.75<I_L≤1$	210~850	650~1400	1200~1800	1300~1900	150~250	250~300	300~450	300~450	200~400	400~700	700~950
	可塑 $0.50<I_L≤0.75$	850~1700	1400~2200	1900~2800	2300~3600	350~450	450~600	600~750	750~800	500~700	800~1100	1000~1600
	硬可塑 $0.25<I_L≤0.50$	1500~2300	2300~3300	2700~3600	3600~4400	800~900	900~1000	1000~1200	1200~1400	850~1100	1500~1700	1700~1900
	硬塑 $0<I_L≤0.25$	2500~3800	3800~5500	5500~6000	6000~6800	1100~1200	1200~1400	1400~1600	1600~1800	1600~1800	2200~2400	2600~2800
粉土	中密 $0.75≤e≤0.90$	950~1700	1400~2100	1900~2700	2500~3400	300~500	500~650	650~750	750~850	800~1200	1200~1400	1400~1600
	密实 $e<0.75$	1500~2600	2100~3000	2700~3600	3600~4400	650~900	750~950	900~1100	1100~1200	1200~1700	1400~1900	1600~2100
粉砂	稍密 $10<N≤15$	1000~1600	1500~2300	1900~2700	2100~3000	350~500	450~600	600~700	650~750	500~950	1300~1600	1500~1700
	中密、密实 $N>15$	1400~2200	2100~3000	3000~4500	3800~5500	600~750	750~900	900~1100	1100~1200	900~1000	1700~1900	1700~1900
细砂	中密、密实 $N>15$	2500~4000	3600~5000	4400~6000	5300~7000	650~850	900~1200	1200~1500	1500~1800	1200~1600	2000~2400	2400~2700
中砂	中密、密实 $N>15$	4000~6000	5500~7000	6500~8000	7500~9000	850~1050	1100~1500	1500~1900	1900~2100	1800~2400	2800~3800	3600~4400
粗砂		5700~7500	7500~8500	8500~10000	9500~11000	1500~1800	2100~2400	2400~2600	2600~2800	2900~3600	4000~4600	4600~5200

注:1. 砂土和碎石类土中桩的极限端阻力取值,宜综合考虑土的密实度,桩端进入持力层的深度比 h_b/d,土愈密实,h_b/d 愈大,取值愈高;

2. 预制桩的岩石极限端阻力指桩端支承于中、微风化岩表面或进入强风化岩、软质岩一定深度条件下极限端阻力;

3. 全风化、强风化软质岩和全风化、强风化硬质岩指其母岩分别为 f_{rk}≤15 MPa、f_{rk}>30 MPa 的岩石。

续表4-4

土名称	土的状态	混凝土预制桩桩长 l(m)				泥浆护壁钻(冲)孔桩桩长 l(m)				干作业钻孔桩桩长 l(m)		
		$l \leq 9$	$9 < l \leq 16$	$16 < l \leq 30$	$l > 30$	$5 \leq l < 10$	$10 \leq l < 15$	$15 \leq l < 30$	$l > 30$	$5 \leq l < 10$	$10 \leq l < 15$	$l \geq 15$
砾砂	中密、密实 $N > 15$	6 000~9 500		9 000~10 500		1 400~2 000		2 000~3 200		3 500~5 000		
角砾、圆砾	$N_{63.5} > 10$	7 000~10 000		9 500~11 500		1 800~2 200		2 200~3 600		4 000~5 500		
碎石、卵石	$N_{63.5} > 10$	8 000~11 000		10 500~13 000		2 000~3 000		3 000~4 000		4 500~6 500		
全风化软质岩	$30 < N \leq 50$	4 000~6 000				1 000~1 600				1 200~2 000		
全风化硬质岩	$30 < N \leq 50$	5 000~8 000				1 200~2 000				1 400~2 400		
强风化软质岩	$N_{63.5} > 10$	6 000~9 000				1 400~2 200				1 600~2 600		
强风化硬质岩	$N_{63.5} > 10$	7 000~11 000				1 800~2 800				2 000~3 000		

表 4-5　大直径桩侧阻力尺寸效应系数 ψ_{si}、端阻力尺寸效应系数 ψ_p

土类别	粉性土、粉土	砂土、碎石类土
ψ_{si}	$(0.8/d)^{1/5}$	$(0.8/d)^{1/3}$
ψ_p	$(0.8/D)^{1/4}$	$(0.8/D)^{1/3}$

注:表中 d 为桩的直径,D 为桩端直径。

4.4　群桩基础计算

在实际工程中,除少量大直径桩基础外,一般都是群桩基础。

4.4.1　群桩基础的工作特点

对于群桩基础,作用于承台上的荷载实际上是由桩和地基土共同承担的,由于承台、桩、地基土的相互作用情况不同,使桩端阻力、桩侧阻力和地基土的阻力因桩基类型而异。

4.4.1.1　端承型群桩基础

由于端承型群桩基础持力层坚硬,桩顶沉降量较小,桩侧摩阻力不宜发挥,桩顶荷载基本上通过桩身直接传到桩端处土层上。桩端处承压面积很小,各桩端的压力彼此互不影响(见图 4-16)。因此,可近似认为端承型群桩基础中各基桩的工作性状与单桩基本一致,桩间土基本不承受荷载,群桩基础的承载力就等于各单桩的承载力之和;群桩的沉降量也与单桩基本相同,即群桩效应系数 $\eta=1$(群桩效应系数 η 是群桩承载力与组成该群桩的单桩承载力之和的比值)。

4.4.1.2　摩擦型群桩基础

摩擦型群桩主要通过每根桩侧的摩擦阻力将上部荷载传递到桩周及桩端土层中。一般假定桩侧摩阻力在土层中引起的附加应力 σ_z 按一定角度 α 沿桩长向下扩散分布,至桩端平面处,压力分布如图 4-17 中阴影部分所示。

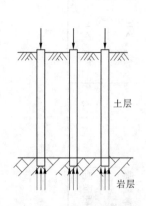

图 4-16　端承型群桩基础

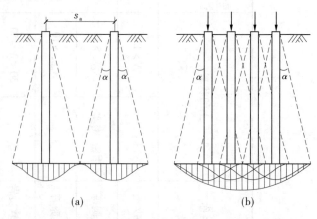

(a)　　　　　　(b)

图 4-17　摩擦型群桩基础桩端平面上的压力分布

当桩数少,桩中心距较大($s_a > 6d$),桩端平面处各桩传来的压力互不重叠,可按单桩计算;常用桩距 $s_a = (3 \sim 4)d$,则相互重叠干扰,承载力小于单桩承载力之和,群桩效应系数 $\eta < 1$。

4.4.2　承台下土对荷载的分担作用

在荷载作用下,由桩和承台底地基土共同承担荷载的桩基称为复合桩基(见图4-18)。刚性承台底面土反力呈马鞍形分布(见图4-18)。

若以桩群外围包络线为界,将承台底面面积分为内外两区(见图4-19),内区反力比外区小而且均匀。

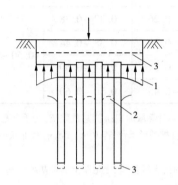

1—台底土反力;2—上层土位移;
3—桩端贯入、桩基整体下沉

图 4-18　复合桩基

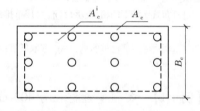

图 4-19　承台底分区

设计复合桩基时应注意:承台分担荷载是以桩基的整体下沉为前提的,故只有在桩基沉降不会危机建筑物的安全和正常使用,且台底不与软土直接接触时,才宜开发利用承台底土反力的潜力。

4.4.3　复合基桩的竖向承载力特征值

对于端承桩和桩中心距大于 $6d$ 的摩擦型桩,群桩的竖向承载力等于各单桩承载力之和,沉降量也与独立单桩基本一致,仅需验算单桩的竖向承载力和沉降即可。

对于桩的中心距 $s_a \leqslant 6d$ 的摩擦型桩,除验算单桩的承载力外,还需验算群桩的承载力和沉降。

考虑承台效应的复合基桩竖向承载力特征值 R 可按下式确定:

不考虑地震作用时

$$R = R_a + \eta_c f_{ak} A_c \tag{4-12}$$

考虑地震作用时

$$R = R_a + \frac{\zeta_a}{1.25} \eta_c f_{ak} A_c \tag{4-13}$$

式中　R_a——单桩竖向承载力特征值;

η_c——承台效应系数,可按表 4-6 取值;

f_{ak}——承台底 1/2 承台宽度深度范围(≤5 m)内各层土地基承载力特征值按厚度加权的平均值;

ζ_a——地基抗震承载力调整系数,按《建筑抗震设计规范(2016 年版)》(GB 50011—2010)取值;

A_c——计算基桩所对应的承台地基土净面,$A_c = (A - nA_{ps})/n$,A_{ps} 为桩身截面面积,A 为承台计算域面积,n 为总桩数。

表 4-6　承台效应系数 η_c

B_c/l	s_a/d				
	3	4	5	6	>6
≤0.4	0.06~0.08	0.14~0.17	0.22~0.26	0.32~0.38	0.50~0.80
0.4~0.8	0.08~0.10	0.17~0.20	0.26~0.30	0.38~0.44	
>0.8	0.10~0.12	0.20~0.22	0.30~0.34	0.44~0.50	
单排桩条形承台	0.15~0.18	0.25~0.30	0.38~0.45	0.50~0.60	

注:①表中 s_a 为桩中心距,对非正方形排列基桩,$s_a = \sqrt{A/n}$,A 为承台计算域面积;n 为总桩数;B_c 为承台宽度。

②对桩布置于墙下的箱、筏承台,η_c 可按单排桩条基取值;对单排桩条形承台,若 $B_c < 1.5d$,η_c 按非条形承台取值。

③对采用后注浆灌注桩的承台,η_c 宜取低值;对饱和黏性土中的挤土桩基、软土地基上的桩基承台,η_c 宜取低值的 80%。

【例 4-1】　某预制桩桩径为 400 mm,桩长 10 m,穿越厚度 $l_1 = 3$ m、液性指数 $I_L = 0.75$ 的黏土层;进入密实的中砂层,长度 $l_2 = 7$ m。桩基同一承台中采用 3 根桩,桩顶离地面 1.5 m。试确定该预制桩的竖向极限承载力标准值和基桩竖向承载力特征值。

解:由表 4-3 查得桩的极限侧阻力标准值 q_{sik} 为

黏土层:$I_L = 0.75$,$q_{s1k} = 60$ kPa;

中砂层:密实,可取 $q_{s1k} = 80$ kPa。

再由表 4-4 查得桩的极限端阻力标准值 q_{pk} 为

密实中砂,$l = 10$ m,查得 $q_{pk} = 5\,500~7\,000$ kPa,可取 $q_{pk} = 6\,000$ kPa。

据式(4-9),单桩竖向极限承载力标准值为

$$Q_{uk} = Q_{sk} + Q_{pk} = u\sum q_{sik} l_i + q_{pk} A_p$$
$$= \pi \times 0.4 \times (60 \times 3 + 80 \times 7) + 6\,000 \times \pi \times 0.4^2/4$$
$$= 929.91 + 753.98 = 1\,683.89(kN)$$

因该桩基属于桩数不超过 4 根的非端承桩基,可不考虑承台效应,由式(4-11)可求得基桩竖向承载力特征值为

$$R_a = Q_{uk}/k = 1\,683.89/2 = 842(kN)$$

4.4.4　基桩竖向承载力验算

承受轴心荷载(N_k)的桩基,其基桩竖向承载力特征值或复合基桩竖向承载力特征值

(R)应符合下式要求：

$$N_k \leqslant R \tag{4-14}$$

承受偏心荷载的桩基，除应满足式(4-14)的要求外，尚应满足下式的要求：

$$N_{kmax} \leqslant 1.2R \tag{4-15}$$

式中　N_{kmax}——偏心力作用下桩顶最大竖向力。

若考虑地震作用效应，则应满足：

$$N_{Ek} \leqslant 1.25R \tag{4-16}$$

$$N_{Ekmax} \leqslant 1.5R \tag{4-17}$$

4.5　桩基础设计

桩基础的设计应力求选型恰当、经济合理、安全适用，对桩和承台有足够的强度、刚度和耐久性；对地基(主要是桩端持力层)有足够的承载力和不产生过量的变形。

桩基础设计的内容和方法步骤如图 4-20 所示。

4.5.1　收集设计资料

设计桩基之前必须充分掌握设计原始资料，包括建筑类型、荷载、工程地质勘察资料、材料来源及施工技术设备、当地使用桩基的经验等情况。

桩基详细勘探应满足以下要求：

(1)勘探间距：端承桩，点距 $L = 12 \sim 24$ m，摩擦型桩，点距 $L = 20 \sim 30$ m。

(2)勘探深度：控制性钻孔应穿透桩端平面以下压缩层厚度；一般性勘探孔应穿透桩端平面以下 $3 \sim 5$ m。

4.5.2　桩型、桩长和截面尺寸选择

根据建筑物的结构类型、荷载情况、地层条件、施工能力及环境条件(噪声、振动)等因素选择预制桩或灌注桩的类别、桩的截面尺寸和长度，以及桩端持力层等。

(1)桩型：地层坚硬时，不易采用预制桩，土层分布均匀，可采用质量易于保证的预应力高强混凝土管桩。

(2)桩长：桩的长度取决于桩端持力层的选择。桩端最好进入坚硬土层或岩层，采用端承桩或嵌岩桩。

当坚硬土层埋藏很深时，则易采用摩擦桩基，桩端应尽量达到低压缩性、中等强度的土层上。桩端进入持力层的深度应在 $1d(d$ 为桩的直径$)$ 以上。

同一建筑物应避免同时采用不同类型的桩(如摩擦型桩和端承型桩，但用沉降缝分开者除外)。

(3)桩的截面尺寸：桩长及桩型初步确定后，即可根据表 4-1 确定出桩的截面尺寸。

一般来说，若建筑物楼层高、荷载大，宜采用大直径桩，尤其是大直径挖孔桩比较经济。

承台埋深主要从结构埋深和方便施工的角度来选择。

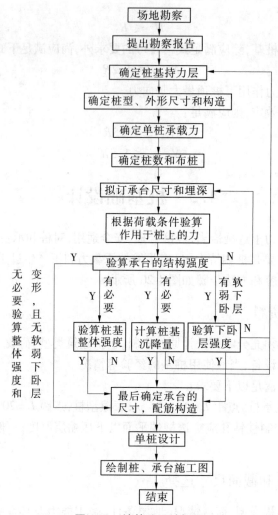

图 4-20　桩基础设计框图

4.5.3　桩数及桩位布置

4.5.3.1　桩的根数

初步估算桩数时,先不考虑群桩效应,根据单桩竖向承载力特征值 R,当桩基为轴心受压时,桩数 n 可按下式估算:

$$n \geqslant \frac{F_k + G_k}{R} \qquad (4-18)$$

式中　n——桩数;

　　　　F_k——作用在承台上的轴向压力标准值;

　　　　G_k——承台及其上方填土的自重标准值;

　　　　R——单桩竖向承载力特征值。

4.5.3.2　桩的中心距

一般桩的最小中心距应符合表 4-7 的规定。

表4-7　桩的最小中心距

土类与成桩工艺		桩排数大于或等于3，桩数大于或等于9的摩擦型桩基	其他情况
非挤土灌注桩		3.0d	2.5d
部分挤土灌注桩		3.5d	3.0d
挤土桩	穿越非饱和土、饱和非黏性土	4.0d	3.5d
	穿越饱和黏性土	4.5d	4.0d
沉管夯扩、钻孔挤扩桩	穿越非饱和土、饱和非黏性土	2.2D且4.0d	2.0D且3.5d
	穿越饱和黏性土	2.5D且4.5d	2.2D且4.0d
钻、挖孔和扩底灌注桩		2D或D+2.0 m（当D>2 m时）	1.5D或D+1.5 m（当D>2 m时）

注:d为圆桩设计直径或方桩设计边长，D为扩大端设计直径。其他相关说明可见《建筑桩基技术规范》(JGJ 94—2008)。

4.5.3.3　桩位的布置

桩在平面内可布置成方形或矩形、三角形和梅花形[见图4-21(a)]；条形基础下的桩可采用单排或双排布置[见图4-21(b)]，也可采用不等距布置。

为了使桩基中各桩受力比较均匀，布置时应尽可能使上部荷载的中心与桩群的横截面形心重合或接近。对柱下单独基础和整片式桩基，宜采用外密内疏的布置方式。

对横墙下桩基，可在外纵墙之外，布设1~2根探头桩，如图4-22所示。在有门洞的墙下布桩应将桩设置在门洞的两侧，应尽量在柱、墙下布桩。

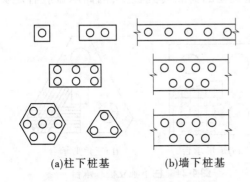

(a)柱下桩基　　　(b)墙下桩基

图4-21　桩的平面布置示例

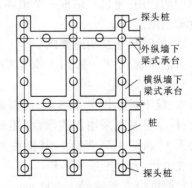

图4-22　横墙下探头桩的布置

4.5.4　桩身截面强度计算

4.5.4.1　预制桩

混凝土强度：预制桩的混凝土强度等级宜大于或等于C30；预应力混凝土桩的混凝土强度等级宜大于或等于C40。钢筋：主筋4~8根，直径为14~25 mm；配筋率一般为1%左右；箍筋直径为6~8 mm，间距小于或等于200 mm，在桩顶和桩尖处适当加密，如图4-23所示。

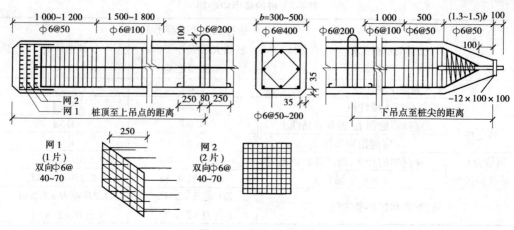

图 4-23　混凝土预制桩

4.5.4.2　灌注桩

灌注桩的混凝土强度等级宜大于或等于 C15,水下混凝土强度等级应大于或等于 C20;主筋 6 ~ 10 根,直径为 12 ~ 14 mm;配筋率 $\rho_{min} \geq 0.2\%$,锚入承台 $30d_g$ (d_g 为主筋直径);深入桩身长度大于或等于 $10d$ (d 为钢筋直径);主筋的长度一般通长配置。箍筋宜采用 $\phi 6$ ~ $\phi 8@200$ ~ 300 的螺旋箍筋。主筋的混凝土保护层厚度应大于或等于 15 mm。

4.5.5　承台设计

桩基承台可分为独立承台、柱下或墙下条形承台及筏板承台和箱形承台等。

承台的作用:将桩联结成一个整体,并把建筑物的荷载传到桩上,因而承台应有足够的强度和刚度。

4.5.5.1　外形尺寸及构造要求

承台的平面尺寸一般由上部结构、桩数及布桩形式决定。

通常,墙下桩基做成条形承台,即梁式承台;柱下桩基宜采用板式承台(矩形或三角形),如图 4-24 所示。其剖面形状可做成锥形、台阶形或平板形。

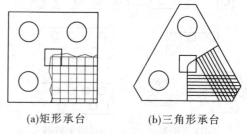

(a)矩形承台　　　(b)三角形承台

图 4-24　柱下独立桩基承台

承台厚度应大于或等于 300 mm,宽度大于或等于 500 mm,承台边缘至边柱中心距离不应小于桩的直径或边长,且边缘挑出部分应大于或等于 150 mm,对于条形承台梁应大于或等于 75 mm。

为保证群桩与承台之间连接的整体性,桩顶应嵌入承台一定长度,一般为 50 ~ 100 mm。混凝土桩的桩顶主筋应伸入承台内,其锚固长度宜大于或等于 $30d$ (d 为主筋直径)。

承台的混凝土强度等级宜大于或等于 C15。

承台的钢筋宜双向均匀配置,钢筋直径宜大于或等于 $\phi 10$,间距应满足 100 ~ 200 mm,台底钢筋的混凝土保护层厚度宜大于或等于 70 mm。承台梁的纵向主筋应大于或等于 $\phi 12$。

承台埋深应大于或等于 600 mm,在季节性冻土、膨胀土地区宜埋设在冰冻线以下。

4.5.5.2 承台的内力计算

模型试验研究表明,柱下独立桩基承台(四桩及三桩承台)在配筋不足的情况下将产生弯曲破坏,其破坏特征呈梁式破坏。破坏时屈服线如图 4-25 所示,最大弯矩产生于屈服线处。

根据极限平衡原理,应进行承台正截面弯矩计算和承台厚度及强度计算,此处不再赘述。

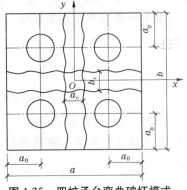

图 4-25　四桩承台弯曲破坏模式

【例 4-2】　求基桩上的荷载:已知条形基础,宽 7 m,如图 4-26 所示,其上作用有偏心垂直荷载 $F_k = 1\,800$ kN/m,偏心距为 0.4 m,每延米基础上布置 5 根直径为 300 mm 的桩。试计算中间桩和边桩所受的荷载。

解:偏心荷载作用下基桩所受荷载计算式为

$$N_{ik} = \frac{F_k + G_k}{n} \pm \frac{M_{xk}\,y_i}{\sum\limits_{j=1}^{n} y_j^2} \pm \frac{M_{yk}\,x_i}{\sum\limits_{j=1}^{n} x_j^2}$$

(1) 求偏心弯矩。

沿条形基础的长度方向作为 y 轴,条形基础的宽度方向作为 x 轴,建立如图 4-27 所示的坐标系,则偏心荷载的作用相当于在轴心竖向荷载作用下,在 y 轴轴线上施加一个对 y 轴的弯矩 M_{yk}。

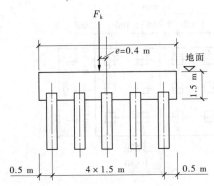

图 4-26　条形基础宽度截面

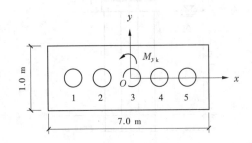

图 4-27　桩位布置俯视图

取 1 m 长度的条形基础进行分析,则有

$$M_{yk} = F_k e = 1\,800 \times 0.4 = 720(\text{kN} \cdot \text{m})$$
$$M_{xk} = 0$$

(2) 中心桩上的荷载 N_{3k}。

取 1 m 长度的条形基础进行分析,第 3 根桩中心到 y 轴的距离 $x_3 = 0$,基础宽度中心线上的桩承担的荷载为

$$N_{3k} = \frac{F_k + G_k}{n} - \frac{M_{yk}\,x_3}{\sum\limits_{j=1}^{n} x_j^2} = \frac{1\,800 + 20 \times 7.0 \times 1.5}{5} - \frac{720 \times 0}{0 + 2 \times 1.5^2 + 2 \times 3^2}$$

$$= 402 - 0 = 402(\text{kN})$$

（3）左边桩上的荷载 N_{1k}。

取 1 m 长度的条形基础进行分析，最左边的桩上承担的荷载为

$$N_{1k} = \frac{F_k + G_k}{n} + \frac{M_{yk}\,x_1}{\sum\limits_{j=1}^{n} x_j^2} = \frac{1\,800 + 20 \times 7.0 \times 1.5}{5} + \frac{720 \times 3.0}{0 + 2 \times 1.5^2 + 2 \times 3^2}$$

$$= 402 + 96 = 498(\text{kN})$$

（4）右边桩上的荷载 N_{5k}。

取 1 m 长度的条形基础进行分析，最右边的桩上承担的荷载为

$$N_{5k} = \frac{F_k + G_k}{n} - \frac{M_{yk}\,x_5}{\sum\limits_{j=1}^{n} x_j^2} = 402 - 96 = 306(\text{kN})$$

【例4-3】 桩基竖向承载力计算。如图 4-28 所示，已知某厂房柱截面尺寸为 400 mm × 600 mm，柱底传至承台顶面的内力设计值分别为：$F_k = 3\,500$ kN，$M_k = 520$ kN·m，$H_k = 45$ kN，承台埋深 2 m，地层参数见表 4-8，地下水位 2 m，安全等级二级。选定粉土层作为持力层，采用截面边长为 300 mm 的混凝土预制桩，桩端进入持力层深度 1.0 m。试计算：①单桩竖向极限承载力标准值；②单桩竖向承载力特征值；③若考虑承台效应，但不考虑地震作用，求复合基桩竖向承载力特征值；④试验算此题中的基桩竖向承载力。

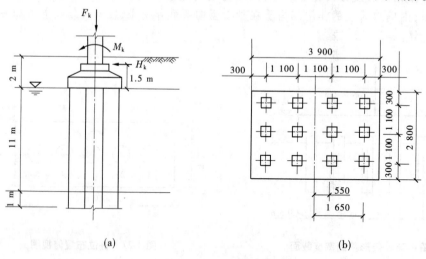

(a)　　　　　　　　　　　　　　(b)

图 4-28　承台及桩位布置

表 4-8　地层参数

土层	厚度（m）	γ（kN/m³）	e	S_r（%）	I_P	I_L	φ	f_{ak}（kPa）
①杂填土	2	16.8	—	—	—	—	—	—
②黏土	11	18.7	1.0	95.2	18.6	1.0	23	225
③粉土	未穿透	19.6	0.75	96.1	8.2	0.64	25	486

解:(1)求 Q_{uk}(单桩竖向极限承载力标准值)。

①极限侧阻力标准值 Q_{sk}。

黏土层:由 $I_L = 1.0$,查表 4-3 得:$q_{sik} = 40$ kPa;

粉土层:由 $e = 0.75$,查表 4-3 得:$q_{sik} = 66$ kPa;

$$Q_{sk} = u \sum q_{sik} l_i = (4 \times 0.3) \times (40 \times 11 + 66 \times 1.0) = 607.2(\text{kN})$$

②极限端阻力标准值 Q_{pk}。

桩端为粉土层,$e = 0.75$,桩长 $l = 12$ m,混凝土预制桩,查表 4-4 得:$q_{pk} = 1\,400 \sim 2\,100$ kPa,取 $q_{pk} = 1\,700$ kPa,则

$$Q_{pk} = q'_{pk} A_p = 1\,700 \times 0.3 \times 0.3 = 153(\text{kN})$$

③单桩竖向极限承载力标准值 Q_{uk}。

$$Q_{uk} = Q_{sk} + Q_{pk} = 607.2 + 153 = 760.2(\text{kN})$$

(2)求 R_a(单桩竖向承载力特征值)。

$$R_a = \frac{Q_{uk}}{2} = \frac{760.2}{2} = 380.1(\text{kN})$$

(3)求 R(复合基桩竖向承载力特征值)。

当考虑承台效应,但不考虑地震作用时,应用式(4-12)求复合基桩竖向承载力特征值。

已知桩中心距 $s_a = 1.1$ m,桩边长 $d = 0.3$ m,承台宽度 $B_c = 2.8$ m,桩长 $l = 12$ m,故有 $s_a/d = 1.1/0.3 = 3.67$,$B_c/l = 2.8/12 = 0.23$,查表 4-6,取承台效应系数 $\eta_c = 0.10$。

$$A_c = \frac{A - nA_{ps}}{n} = \frac{2.8 \times 3.9 - 12 \times (0.3 \times 0.3)}{12} = 0.82(\text{m}^2)$$

故复合基桩竖向承载力特征值为

$$R = R_a + \eta_c f_{ak} A_c = 380.1 + 0.10 \times 225 \times 0.82 = 398.55(\text{kN})$$

(4)基桩竖向承载力验算。

承台以上土重及承台重:

$$G_k = \gamma_G dA = 20 \times 2 \times (2.8 \times 3.9) = 436.8(\text{kN})$$

$$N_k = \frac{F_k + G_k}{n} = \frac{3\,500 + 436.8}{12} = 328.07(\text{kN})$$

$$N_{kmax} = \frac{F_k + G_k}{n} + \frac{M_y x_i}{\sum x_i^2} = \frac{3\,500 + 436.8}{12} + \frac{(520 + 45 \times 1.5) \times 1.65}{6 \times (0.55^2 + 1.65^2)}$$

$$= 328.07 + 53.41 = 381.48(\text{kN})$$

经比较:

$$N_k = 328.07 \text{ kN} < R = 398.55 \text{ kN}$$

$$N_{kmax} = 381.48 \text{ kN} < 1.2R = 1.2 \times 398.55 = 478.26(\text{kN})$$

所以,基桩竖向承载力满足要求。

思考题与习题

4-1　试述桩基础的概念、分类及应用。

4-2　试述竖向荷载作用下桩的荷载传递。

4-3　试述桩的破坏模式。

4-4　桩竖向承载力的确定方法有哪些?

4-5　如何按单桩竖向抗压静载荷试验确定单桩承载力?

4-6　如何根据经验公式确定单桩承载力?

4-7　试述群桩的工作特点。什么是群桩效应?

4-8　试述承台下土对荷载的分担作用。

4-9　试述复合基桩的竖向承载力特征值。

4-10　如何进行竖向承载力验算?

4-11　如何进行桩基础设计?

4-12　如何确定桩数和进行桩位布置?

4-13　对承台外形尺寸及构造要求有哪些?

4-14　已知某条形基础,宽 7 m,如图 4-26、图 4-27 所示,其上作用有偏心垂直荷载 $F_k = 1\,900$ kN/m,偏心距为 0.4 m,每延米基础上布置 5 根直径为 310 mm 的桩。试计算中间桩和边桩所受的荷载。

4-15　如图 4-28 所示,已知某厂房柱截面尺寸为 450 mm × 600 mm,柱底传至承台顶面的内力设计值分别为: $F_k = 3\,600$ kN, $M_k = 530$ kN·m, $H_k = 50$ kN,承台埋深 2 m,地层参数见表 4-8,地下水位 2 m,安全等级二级。选定粉土层作为持力层,采用截面边长为 300 mm 的混凝土预制桩,桩端进入持力层深度 1.0 m。试计算:①单桩竖向极限承载力标准值;②单桩竖向承载力特征值;③当考虑承台效应,但不考虑地震作用时,求复合基桩竖向承载力特征值;④试验算此题中的基桩竖向承载力。

第 5 章　沉井基础及其他深基础

5.1　概　述

5.1.1　沉井的概念、作用及适用条件

沉井是一种带刃脚的井筒状构筑物[见图 5-1(a)]。

沉井是利用人工或机械方法清除井内土石,借助自重或添加压重等措施克服井壁摩阻力逐节下沉至设计标高,再浇筑混凝土封底并填塞井底,成为建筑物的基础[见图 5-1(b)]。

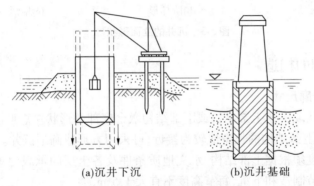

(a)沉井下沉　　　　　(b)沉井基础

图 5-1　沉井基础示意图

沉井的特点:埋置深度较大,整体性强,稳定性好,具有较大的承载面积,能承受较大的垂直荷载和水平荷载。此外,沉井既是基础,又是施工时的挡土和挡水围堰构筑物,施工工艺简便。沉井多用于桥墩基础。

5.1.2　沉井的分类

(1)按施工方法分类:①一般沉井。直接在基础设计的位置上制造,然后挖土,依靠沉井自重下沉;② 浮运沉井。先在岸边制造,再浮运就位下沉的沉井。

(2)按制造沉井的材料分类:混凝土沉井、钢筋混凝土沉井、竹筋混凝土沉井和钢沉井。

(3)按沉井的平面形状分类:圆形沉井、矩形沉井和圆端形沉井三种基本类型,根据井孔的布置方式,又可分为单孔沉井、双孔沉井及多孔沉井(见图 5-2)。

(4)按沉井的立面形状分类:柱形沉井、阶梯形沉井和锥形沉井(见图 5-3)。

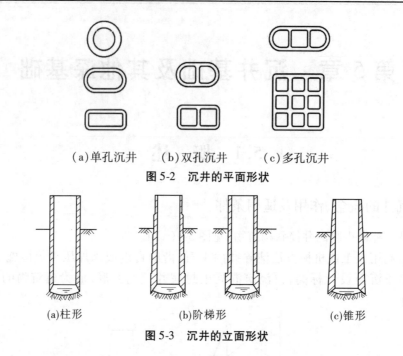

(a)单孔沉井　　　(b)双孔沉井　　　(c)多孔沉井

图 5-2　沉井的平面形状

(a)柱形　　　　　　(b)阶梯形　　　　　　(c)锥形

图 5-3　沉井的立面形状

5.1.3　沉井基础的构造

5.1.3.1　沉井的轮廓尺寸

沉井的平面形状取决于上部结构或下部结构墩台底部的形状。矩形沉井的长短边之比小于或等于 3,若上部结构的长宽比较为接近,可采用方形或圆形沉井。

沉井的入土深度须根据上部结构、水文地质条件及各土层的承载力等确定。入土深度较大的沉井应分节制造和下沉,每节高度不宜大于 5 m。

5.1.3.2　沉井的一般构造

沉井一般由井壁、刃脚、隔墙、井孔、凹槽、封底和顶板等组成(见图 5-4)。有时井壁中还预埋射水管等其他部分。

1. 井壁

井壁为沉井的外壁,是沉井的主体部分,在沉井下沉过程中起挡土、挡水及利用本身自重克服土与井壁间阻力下沉的作用。当沉井施工完毕后,就成为传递上部荷载的基础或基础的一部分。

井壁必须有足够的强度和厚度,并根据施工过程中的受力情况配置竖向钢筋及水平向钢筋。一般壁厚 0.8 ~ 1.50 m,最薄处不宜小于 0.4 m。

2. 刃脚

井壁下端形如楔状的部分,其作用是利于沉井切土下沉。刃脚的构造见图 5-5。

3. 隔墙

隔墙为沉井的内壁,其作用是将沉井空腔分隔成多个井孔,便于控制挖土下沉,并加强沉井刚度。隔墙厚 0.5 ~ 1.0 m,隔墙下端高出刃脚底面 0.5 m。

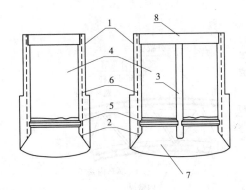

1—井壁;2—刃脚;3—隔墙;4—井孔;5—凹槽;
6—射水管组;7—封底;8—顶板

图 5-4　沉井的一般构造

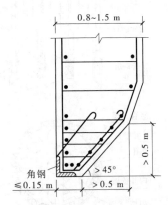

图 5-5　刃脚的构造示意图

4. 井孔

井孔为挖土排土的工作场所和通道。其尺寸应满足施工要求,最小边长不易小于 3 m。

5. 凹槽

凹槽位于刃角内侧上方,高约 1.0 m,深度一般为 150 mm。凹槽用于沉井封底时使井壁与封底混凝土较好地结合,使封底混凝土底面更好地传给井壁。

6. 射水管组

当沉井下沉较深,土阻力较大,估计下沉困难时,可在井壁中预埋射水管组,以采用高压射水,破坏土层,便于沉井下沉。

7. 封底

沉井沉至设计标高进行清基后,便在刃脚踏面以上至凹槽处浇筑混凝土形成封底。封底可防止地下水涌入井内,其底面承受地基土和水的反力,封底混凝土应高出凹槽或刃脚根部 0.5 m,厚度不小于井孔最小边长的 1.5 倍。混凝土强度等级大于或等于 C25。

8. 顶板

沉井封底后,若条件允许,为节省圬工费,减轻基础自重,在井孔内可不填充任何材料,做成空心沉井基础,或仅填砂石,此时须在井顶设置钢筋混凝土顶板,以承托上部结构的全部荷载。顶板厚度一般为 1.5 ~ 2.0 m,钢筋配置由计算确定。

沉井井孔是否填充,应根据受力或稳定要求确定。在严寒地区,低于冻结线 0.25 m 以上部分,必须用混凝土或圬工填实。

5.1.3.3　浮运沉井的构造

浮运沉井可分为不带气筒和带气筒的浮运沉井两种。前者适用于水不太深、流速不大、河床较平、冲刷较小的自然条件。

当水深流急、沉井较大时,通常可采用带气筒的浮运沉井,如图 5-6 所示。沉井底节是一个可自浮于水中的壳体结构,当沉井落至河床后,除去气筒即为取土井孔。

5.1.3.4　组合式沉井

组合式沉井多为沉井 - 桩基的混合式基础。施工时先将沉井下沉至预定标高,浇筑

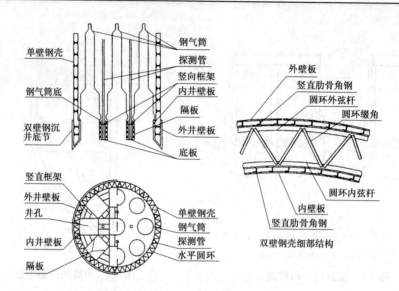

图 5-6　带钢气筒的浮运沉井

封底混凝土和承台,再在井内预留孔位钻孔灌注成桩。

混合式沉井结构既可围水挡土,又可作为钻孔桩的护筒和桩基的承台。

5.2　沉井的施工

沉井基础施工一般可分为旱地施工、水中筑岛及浮运沉井三种。

施工前应详细了解场地的地质条件和水文地质条件。

水中施工应做好河流汛期、河床冲刷、通航及漂浮物等的调查研究,充分利用枯水季节,制订出详细的施工计划及必要的措施,确保施工安全。

5.2.1　旱地沉井施工

旱地沉井施工可分为就地制造、除土下沉、封底、充填井孔及浇筑顶板等(见图 5-7)。

图 5-7　沉井施工顺序示意图

旱地沉井施工工序如下:

(1)清整场地。

要求施工场地平整干净。

(2)制作第一节沉井。

制造沉井前,应先在刃脚处对称铺满垫木(见图 5-8),以支撑第一节沉井的重量,并按垫木定位竖立内模板,绑扎钢筋,再立外模浇筑第一节沉井。

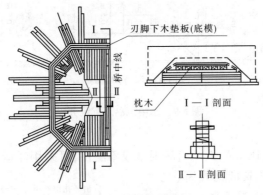

图 5-8　垫木布置实例

(3)拆模及抽垫。

当沉井混凝土强度达设计强度的 70% 时可拆除模板,达设计强度后方可抽撤垫木。

(4)除土下沉。

沉井宜采用不排水除土下沉,在稳定的土层中,也可采用排水下沉。除土方法可采用人工或机械方法(吸泥机、抓土斗等)。

(5)接高沉井。

当第一节沉井下沉至一定深度(井顶露出地面大于或等于 0.5 m 或露出水面大于或等于 1.5 m)时,停止除土,接筑下节沉井。

(6)设置井顶防水围堰。

若沉井顶面低于地面或水面,应在井顶接筑临时性围堰。常用的有土围堰、砖围堰和钢板桩围堰。

(7)基底检验和处理。

沉井沉至设计标高后,应检验基底地质情况是否与设计相符,并在井底铺一层砾石或碎石至刃脚底面以上 200 mm。

(8)沉井封底。

沉井检验合格后应及时封底。封底一般为素混凝土。

(9)井孔填充和顶板浇筑。

封底混凝土达设计强度后,再排干井孔中水,填充井内圬工。如井孔中不填料或仅填砾石,则井顶应浇筑钢筋混凝土顶板,以支撑上部结构。

5.2.2　水中沉井施工

5.2.2.1　水中筑岛

当水深小于或等于 3 m、流速小于或等于 1.5 m/s 时,可采用砂或砾石在水中筑岛,周围用草袋围护[见图 5-9(a)];若水深或流速加大,可采用围堰防护筑岛[见图 5-9(b)];当水深(通常小于 15 m)或流速较大时,宜采用钢板桩围堰筑岛[见图 5-9(c)]。

水中筑岛时,岛面应高出最高施工水位 0.5 m 以上,围堰距井壁外缘距离大于或等于 2 m。其余施工方法与旱地沉井施工相同。

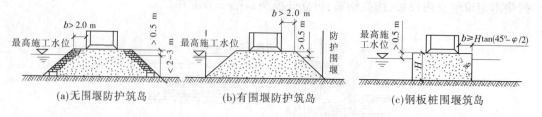

(a)无围堰防护筑岛　　　(b)有围堰防护筑岛　　　(c)钢板桩围堰筑岛

图 5-9　水中筑岛下沉沉井

5.2.2.2　浮运沉井

　　若水深较大(大于 10 m),人工筑岛困难或不经济,可采用浮运法施工。将沉井在岸边做成空体结构,或采取带钢气筒(见图 5-6)等措施,使沉井能浮于水上。

　　利用在岸边铺成的滑道划入水中(见图 5-10),然后用绳索牵引至设计位置。在悬浮状态下,逐步将水或混凝土注入空体中,使沉井徐徐下沉至河底。当刃脚切入河床一定深度后,即可按一般沉井方法施工。

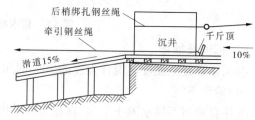

图 5-10　浮运沉井下水示意图

5.3　其他深基础简介

5.3.1　墩基础

　　墩基础是用机械或人工在地基中开挖成孔后灌注混凝土形成的大直径桩基础,由于其直径(一般直径 $d > 1\,800$ mm)粗大如墩,故称为墩基础。

　　墩身一般不能预制,也不能打入、压入地基,只能是现场灌注或砌筑而成,通常墩的长径比小于或等于30,墩通常单独承担荷载,且承载力很高。

　　墩基础能较好地适应复杂的地质条件,常用于高层建筑的柱基础。

　　墩可从不同角度进行分类,如按墩的形状分类,其横断面一般为圆形、方形和矩形等。竖向截面则有多种(见图 5-11)。

　　(1)扩底墩与不扩底墩:扩底墩可增加墩端承载力。

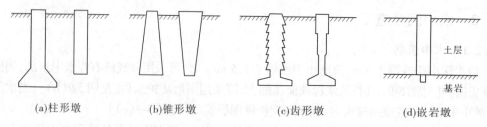

(a)柱形墩　　　(b)锥形墩　　　(c)齿形墩　　　(d)嵌岩墩

图 5-11　墩按竖向截面形状分类

（2）锥形墩：其中正锥形墩的侧壁摩阻力可以忽略，承载力主要靠端承力。

（3）齿形墩：可增加土层的侧壁阻力，适用于端侧较硬土层的情况，但施工技术复杂。

墩基础设计时要详细掌握工程地质和水文地质资料，以及施工设备和技术条件，并综合考虑以下因素：

（1）墩基承载力高，原则上应采用一柱一墩。墩深度不宜超过 30 m，扩底墩的中心距宜大于或等于 1. 5d_b（见图 5-12），d_b/d 宜小于或等于 3，扩大头斜面高宽比 $h/b \geq 1.5$。

（2）墩基持力层必须承载力较高且具有一定厚度，其厚度应大于或等于$(1.5 \sim 2.0)d_b$，墩底进入持力层深度不宜小于 0. 5 m。

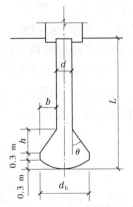

图 5-12　扩底墩的基本尺寸

（3）墩基的混凝土强度等级一般大于或等于 C20，钢筋不小于Φ 10@ 200，最小配筋率应大于或等于 0. 2% ，墩顶应嵌入承台不小于 100 mm。

（4）墩基一旦发生质量问题，其后果严重且难以处理，因此应确保墩基的施工质量。

（5）墩基施工前应查明土层的渗透性和地下水的类型、流量及补给条件等，进行周密的施工组织设计。

5.3.2　地下连续墙

地下连续墙是在泥浆护壁条件下，使用专门的成槽机械，在地面开挖一条狭长的深槽，然后在槽内设置钢筋笼，浇筑混凝土，逐步形成一道连续的地下钢筋混凝土连续墙。

地下连续墙的作用：①承受水平荷载的挡土墙或防渗墙；②作地下室、地下停车场的外墙结构；③基坑支护等。地下连续墙除施工中的支挡作用外，还能承担部分或全部的建筑物竖向荷载。

地下连续墙的优点：无须放坡，土方量小，机械化施工，工效高，无须支模和养护，成本低。

地下连续墙的成墙深度大都在 50 m 以内。墙宽多为 600 mm 及 800 mm 两种。施工工序如下。

5.3.2.1　修筑导墙

沿设计轴线两侧开挖导沟，修筑钢筋混凝土（钢、木）导墙，以供成槽机械钻进导向、维护表土和保持泥浆稳定液面。导墙内壁面之间的净空应比地下连续墙设计厚度加宽 40 ~ 60 mm，埋深一般为 1 ~ 2 m，墙后 0.1 ~ 0.2 m。

5.3.2.2　制备泥浆

泥浆以膨润土或细粒土在现场加水搅拌制成，泥浆渗入土体孔隙，在墙壁表面形成一层泥皮，保护槽壁稳定而不致于坍塌。

5.3.2.3　成槽

成槽即使用成槽机具开挖槽段，这是地下连续墙施工中最主要的工序。对不同的土质条件和槽壁深度应采用不同的成槽机具开挖槽段。例如，大卵石或孤石等复杂地层可用冲击钻;切削一般土层,特别是软弱土,常用导板抓斗、铲斗或回转钻头抓铲。

5.3.2.4　槽段的连接

地下连续墙各单元槽段之间靠接头连接。接头通常要满足受力和防渗要求且施工简单。国内目前使用最多的接头形式是用接头管连接的非刚性接头。单元槽段土体被挖除后,在槽段的一端先吊放接头管,再吊入钢筋笼,浇筑混凝土,然后逐渐将接头管拔出,形成半圆形接头,如图 5-13 所示。

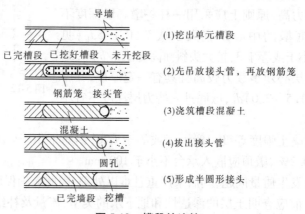

图 5-13　槽段的连接

思考题与习题

5-1　试述沉井的概念、作用及适用条件。

5-2　沉井如何分类?

5-3　简述沉井基础的构造。

5-4　简述旱地沉井的施工。

5-5　简述墩基础的概念和分类。

5-6　试述桩基础和墩基础的异同和应用。

5-7　简述地下连续墙的概念和施工工序。

第 6 章 基坑工程

6.1 概 述

6.1.1 基坑与基坑支护

基坑:指为进行建(构)筑物基础与地下室的施工所开挖的地面以下空间。

基坑支护:指为保护基础和地下室施工及基坑周围环境的安全,对基坑采取的临时性支挡、加固、保护与地下水控制的措施。

基坑工程:指对建筑场地及基坑(包括开挖和降水)所进行的一系列勘察、设计、施工和监测等综合性工作。

基坑工程是一项综合性很强的岩土工程,具有以下特点:

(1)支护结构通常都是临时性的,一般情况下,安全储备相对小,因此风险性较大。

(2)根据场地的水文地质、工程地质条件进行设计,因地制宜。

(3)基坑工程是一项系统性很强的系统工程。

(4)基坑工程具有较强的时空效应。

(5)对周边环境会产生较大影响。

6.1.2 基坑支护结构的类型

基坑支护结构是指支挡和加固基坑侧壁的结构。基坑支护结构的基本类型及其适用条件如下。

6.1.2.1 放坡开挖及简易支护

放坡开挖是指选择合理的坡比进行开挖。它适用于场地土质较好、开挖深度不大,以及施工现场有足够放坡场所的工程。

放坡开挖施工简便、费用低,但开挖后续回填的土方量大。有时为了增加边坡稳定性和减少土方量,在坡脚常采用简易支护(见图6-1)。

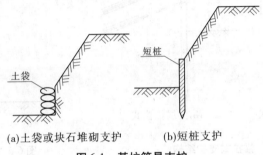

(a)土袋或块石堆砌支护   (b)短桩支护

图6-1 基坑简易支护

6.1.2.2　悬臂式支护结构

悬臂式支护结构通常指未设内支撑或拉锚的板状墙、排桩墙和地下连续墙(见图6-2)。悬臂式支护结构依靠足够的入土深度和结构的抗弯能力维持基坑壁的稳定和结构安全。

6.1.2.3　内撑式支护结构

内撑式支护结构由支护桩或支护墙和内支撑组成(见图6-3)。支护桩常采用钢筋混凝土桩或钢桩,支护墙常采用地下连续墙。内支撑常采用木方、钢筋混凝土梁或钢管(型钢)。

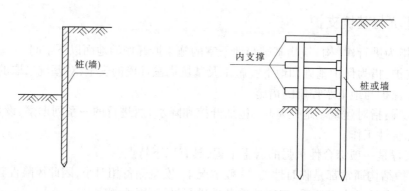

图6-2　悬臂式支护结构　　　　　　图6-3　内撑式支护结构

6.1.2.4　锚拉式支护结构

锚拉式支护结构由支护桩或支护墙和锚杆组成。

锚杆通常有地面拉锚[见图6-4(a)]和土层锚杆[见图6-4(b)]两种。地面拉锚需要有足够的场地设置锚桩或其他锚固装置。土层锚杆需要土层提供较大的锚固力。

6.1.2.5　土钉墙支护结构

土钉墙支护结构由被加固的原位土体、布置较密的土钉和喷射于坡面上的混凝土面板组成(见图6-5)。土钉一般是通过钻孔、插筋、注浆来设置的。土钉墙适合于地下水位以上的黏性土、砂土、碎石土等地层,不适于淤泥质软土。

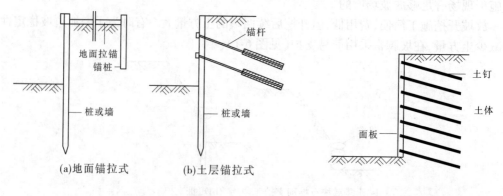

图6-4　锚拉式支护结构　　　　　　图6-5　土钉墙支护结构

6.1.2.6 水泥土墙

特制的深层搅拌机械在地层深部将水泥和软土强制拌和,使水泥和软土产生一系列的物理化学反应,硬结成具有整体性和一定强度的水泥土墙。水泥土墙桩柱之间多为网格式排列(见图6-6)。水泥土墙适用于淤泥等软土地区的基坑支护。

6.1.2.7 其他支护结构

其他支护结构形式有双排桩支护结构(见图6-7)、连拱式支护结构(见图6-8)、逆作拱墙支护结构(见图6-9)、加筋水泥土墙及各种组合式支护结构。

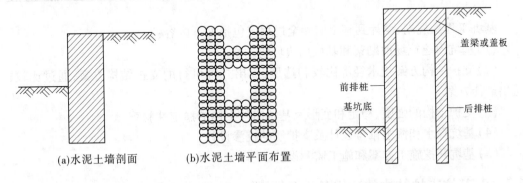

(a)水泥土墙剖面	(b)水泥土墙平面布置

图6-6 水泥土墙支护结构   图6-7 双排桩支护结构

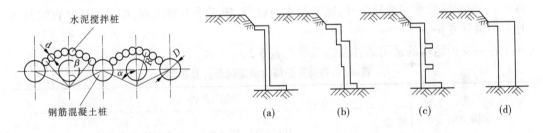

图6-8 连拱式支护结构   图6-9 逆作拱墙支护结构

逆作拱墙支护结构采用逆作法建造而成。拱墙截面常采用 Z 字形[见图6-9(a)]或由数道拱墙叠合而成[见图6-9(b)、(c)],也可采用加厚拱壁[见图6-9(d)]。

6.1.3 基坑支护工程的设计原则与设计内容

基坑支护工程设计的基本原则如下:

(1)在满足支护结构本身强度、稳定性和变形要求的同时,确保基坑周边建(构)筑物、地下管线、道路的正常使用和周边环境的安全。

(2)在保证安全可靠的前提下,设计方案应具有较好的技术经济和环境效应。

(3)为基坑和基础施工提供足够的空间和最大限度的便利,并保证施工安全。

基坑支护结构的安全等级按破坏后果分为三级,见表6-1。

表 6-1　基坑支护结构的安全等级

安全等级	破坏后果	γ_0
一级	支护结构失效、土体过大变形对基坑周边环境或主体结构施工安全的影响很严重	1.1
二级	支护结构失效、土体过大变形对基坑周边环境或主体结构施工安全的影响严重	1.0
三级	支护结构失效、土体过大变形对基坑周边环境或主体结构施工安全的影响不严重	0.9

基坑工程从规划、设计到施工监测全过程应包括如下内容：

（1）基坑内建筑场地勘察和基坑周边环境勘察。

（2）支护结构方案技术经济比较和选型：提出几种可行的支护结构方案；通过比较，选出最佳方案。

（3）支护结构的强度、稳定和变形及基坑内外土体的稳定性验算。

（4）基坑降水和截水帷幕设计及支护墙的抗渗设计。

（5）基坑开挖施工方案和施工监测设计。

6.1.4　基坑支护结构的适用条件和选型

基坑支护结构的选型应综合考虑基坑周边环境、主体建筑物和地下结构的条件、开挖深度、工程地质和水文地质条件、施工技术与设备、施工季节等因素，按照因地制宜的原则比选出最佳支护方案。

各类支护结构的适用条件及选型参见表 6-2。

表 6-2　各类支护结构的适用条件及选型

结构类型		安全等级	适用条件
			基坑深度、环境条件、土类和地下水条件
桩板式支挡结构	锚拉式结构	一级 二级 三级	适用于较深的基坑 ／ 1. 排桩适用于可采用降水或截水帷幕的基坑 2. 地下连续墙宜同时用作主体地下结构外墙，可同时用于截水 3. 锚杆不宜用在软土层和高水位的碎石土、砂土层中 4. 当邻近基坑有建筑物地下室、地下构筑物等，锚杆的有效锚固长度不足时，不应采用锚杆 5. 当锚杆施工会造成基坑周边建（构）筑物的损害或违反城市地下空间规划等规定时，不应采用锚杆
	支撑式结构		适用于较深的基坑
	悬臂式结构		适用于较浅的基坑
	双排桩		当锚拉式、支撑式和悬臂式结构不适用时，可考虑采用双排桩
	支护结构与主体结构结合的逆作法		适用于基坑周边环境条件很复杂的深基坑

续表6-2

结构类型		安全等级	适用条件	
			基坑深度、环境条件、土类和地下水条件	
土钉墙	单一土钉墙	二级 三级	适用于地下水位以上或经降水的非软土基坑,且基坑深度不宜大于 12 m	当基坑潜在滑动面内有建筑物、重要地下管线时,不宜采用土钉墙
	预应力锚杆复合土钉墙		适用于地下水位以上或经降水的非软土基坑,且基坑深度不宜大于 15 m	
	水泥土桩复合土钉墙		用于非软土基坑时,基坑深度不宜大于 12 m;用于淤泥质土基坑时,基坑深度不宜大于 6 m;不宜用在高水位的碎石土、砂土层中	
	微型桩复合土钉墙		适用于地下水位以上或经降水的基坑,用于非软土基坑时,基坑深度不宜大于 12 m;用于淤泥质土基坑时,基坑深度不宜大于 6 m	
重力式水泥土墙		二级 三级	适用于淤泥质土、淤泥基坑,且基坑深度不宜大于 7 m	
放坡		三级	1. 施工场地应满足放坡条件 2. 可与上述支护结构形式结合	

注:1. 当基坑不同侧壁的周边环境条件、土层性状、基坑深度等不同时,可在不同部位分别采取不同的支护形式;
　　2. 支护结构可采取上、下部以不同结构类型组合的形式。

6.2　作用于基坑支护结构上的土压力

作用于基坑支护结构上的水平荷载主要来自两方面:

(1)由土体(含地下水)自重产生的压力。

(2)周边建筑物荷载、施工荷载、地震荷载及其他附加荷载通过土体的传递而产生的土压力。

作用在支护结构上的土压力一般采用朗肯土压力理论计算。地下水位以下的黏性土、粉质黏土层土、水压力合算,而粉砂土、砂土和碎石土层等则采用土压力、水压力分算法。

6.2.1　地下水位以上土压力计算

当土层位于地下水位以上时,根据朗肯土压力理论,支护结构外侧地面以下深度 Z_{ai} 处主动土压力 P_{ai}[见图 6-10(a)]可按下式计算:

$$P_{ai} = \sigma_{vi} K_{ai} - 2 c_i \sqrt{K_{ai}} \tag{6-1}$$

$$K_{ai} = \tan^2\left(45° - \frac{\varphi_i}{2}\right) \tag{6-2}$$

式中　σ_{vi}——地面以下深度 Z_{ai} 处竖向应力, $\sigma_{vi} = \gamma Z_{ai}$;

　　　　K_{ai}——地面以下深度 Z_{ai} 处土的主动土压力系数;

c_i、φ_i——地面以下 Z_{ai} 处土的黏聚力、内摩擦角。

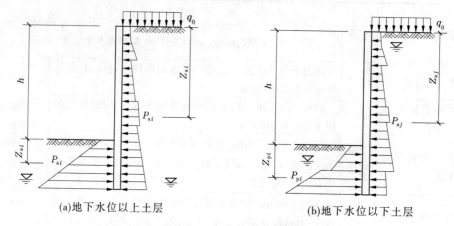

(a)地下水位以上土层　　　　(b)地下水位以下土层

图6-10　土压力计算示意图

支护结构内侧,基坑底面以下深度 Z_{aj} 处被动土压力 P_{pj}[见图 6-10(b)]可按下式计算:

$$P_{pj} = \sigma_{vj} K_{pj} + 2 c_j \sqrt{K_{pj}} \tag{6-3}$$

$$K_{pj} = \tan^2\left(45° + \frac{\varphi_j}{2}\right) \tag{6-4}$$

式中　σ_{vj}——基坑底面以下深度 Z_{pj} 处竖向应力,$\sigma_{vj} = \gamma Z_{pj}$;

　　　K_{pj}——地面以下深度 Z_{pj} 处土的被动土压力系数;

　　　c_j、φ_j——地面以下深度 Z_{pj} 处土的黏聚力、内摩擦角。

6.2.2　地下水位以下土压力计算

当土层位于地下水位以下[见图 6-10(b)]时,对于黏性土、粉质黏土采用土压力、水压力合算法计算主动土压力和被动土压力,其计算方法同式(6-1)~式(6-4)。

对位于地下水位以下的粉砂土、砂土、碎石土,应采用土压力、水压力分算法计算支护结构上的土压力。此时,土的抗剪强度指标应采用有效应力强度指标,水压力应按静水压力计算。

于是地下水位下粉砂土、砂土、碎石土中支护结构外侧主动土压力计算式为

$$P_a = \sigma'_{vi} K_{ai} - 2c'_i \sqrt{K_{ai}} + u_{ai} = (\sigma_{vj} - u_{ai}) - 2c'_i \sqrt{K_{ai}} + u_{ai} \tag{6-5}$$

$$K_{ai} = \tan^2\left(45° - \frac{\varphi'_i}{2}\right) \tag{6-6}$$

式中　u_{ai}——支挡结构外侧地面以下计算点的水压力;

　　　c'_i、φ'_i——地面以下深度 Z_{ai} 处土的有效黏聚力、有效内摩擦角。

支挡结构内侧被动土压力计算式为

$$P_{pj} = \sigma'_{vj} K_{pj} + 2c'_j \sqrt{K_{pj}} + u_{pj} = (\sigma_{vj} - u_{pj}) K_{pj} + 2c'_j \sqrt{K_{pj}} + u_{pj} \tag{6-7}$$

$$K_{pj} = \tan^2\left(45° + \frac{\varphi'_j}{2}\right) \tag{6-8}$$

式中 u_{pj}——基坑底面以下计算点的水压力;

c'_j、φ'_j——地面以下深度 Z_{aj} 处土的有效黏聚力、有效内摩擦角。

6.3 桩、墙式支护结构设计计算

若施工场地狭窄、地质条件较差、基坑较深或对开挖引起的变形控制较严,则可采用排桩或地下连续墙支护结构。

排桩可采用钻孔灌注桩、人工挖孔桩、预制混凝土板桩和钢板桩等。桩的排列方式通常有柱列式、连续式和组合式(见图6-11)。

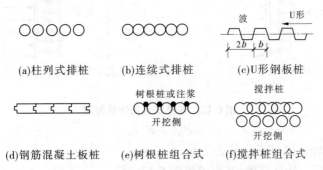

图 6-11 排桩支护结构桩的排列形式

排桩支护结构除受力桩外,有时包括冠梁、腰梁和桩间护壁构造件等。

地下连续墙是采用特制的成槽机械在泥浆护壁下,逐段开挖出沟槽并浇筑钢筋混凝土墙而形成。地下连续墙的优点是:能挡土、止水,可用作地下结构的外墙,刚度大、整体性好。缺点是:有废泥浆,造价较高。

桩、墙式支护结构可分为悬臂式、带内支撑式和锚拉式三种形式。悬臂式支护结构主要由挡土构件(排桩或地下连续墙)组成,而支撑式支护结构和锚拉式支护结构除挡土构件(桩或墙)外还设置内支撑或预应力锚杆。

6.3.1 桩、墙设计计算

桩、墙的内力与变形计算方法主要有静力极限平衡法、弹性支点法和数值分析法。目前,工程中多采用弹性支点法。

6.3.1.1 作用于挡土构件上土压力与土反力计算

对于悬臂式支护结构,可简化为图6-12(a)所示的计算模型。

由图6-12可知,作用于挡土构件外侧的主动土压力(P_k)为

$$P_k = P_{ak} b_a \tag{6-9}$$

式中 P_k——作用于挡土构件外侧的主动土压力;

P_{ak}——主动土压力强度;

b_a——主动土压力计算宽度,其取值见图6-13。

作用于挡土结构内侧的土反力(P_{sk})由分布土反力 P_s 乘以土反力计算宽度 b_0 得到,即

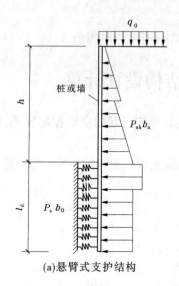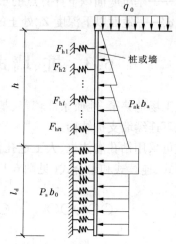

(a)悬臂式支护结构　　　　　(b)支撑式支护结构或锚拉式支护结构

图 6-12　弹性支点法计算简图

$$P_{sk} = P_s b_0 \tag{6-10}$$

式中　P_s——基坑开挖面下分布土反力；

　　　b_0——土反力计算宽度，其取值见图 6-13。

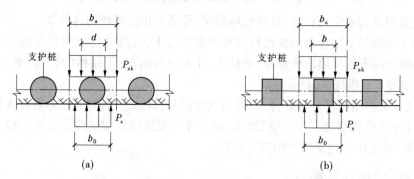

图 6-13　作用于排桩上土压力与土反力计算宽度

基坑开挖面以下土体作用于挡土构件(桩或墙)内侧的分布土反力 P_s 为

$$P_s = k_s y + P_{s0} \tag{6-11}$$

式中　P_{s0}——初始分布土反力，kPa，可取基坑内侧土主动土压力强度值，但不计黏聚力项；

　　　y——挡土构件在分布土反力计算点使土体压缩的水平位移量，m；

　　　k_s——地基土的水平反力系数，kN/m^3，按式(6-12)确定。

$$k_s = m(Z - h) \tag{6-12}$$

式中　h——计算工况下的基坑开挖深度，m；

　　　Z——计算点距地面的深度，m；

　　　m——土的水平反力系数的比例系数，kN/m^4。

6.3.1.2 作用于挡土构件上支点力计算

在支撑式支护结构或锚拉式支护结构[见图 6-12(b)]中,当挡土构件(桩或墙)在土压力作用下产生侧向变形时,内支撑或锚杆会在支点处提供一个支点反力,其水平分量 F_h 可按下式计算:

$$F_h = k_R(y_R - y_R^0) + P_h \tag{6-13}$$

式中 F_h——支点水平反力;

P_h——支点预加力的水平分量;

y_R^0——设置锚杆或支撑时,支点的初始水平位移量;

y_R——支点的水平位移量;

k_R——支点的刚度系数。

6.3.2 土层锚杆与内支撑

当基坑开挖深度较大、悬臂式支护结构不能满足工程要求时,应在支护结构上设置一层或多层锚杆或内支撑,这样可以有效地控制其内力和变形值,从而确保支护结构自身和周边环境的安全。

6.3.2.1 土层锚杆

土层锚杆主要由外锚杆、锚筋(杆体)和锚固体(注浆固结体)组成(见图 6-14)。其破坏形式主要是:锚固体从土层中拔出、锚筋被拉断等。

1. 锚杆抗拔承载力验算

锚杆的极限抗拔承载力应满足:

$$\frac{R_k}{N_k} \geq K_t \tag{6-14}$$

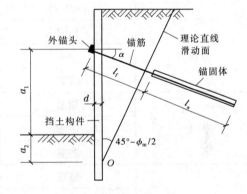

图 6-14 土层锚杆示意图

其中

$$N_k = \frac{F_h s}{b_a \cos\alpha} \tag{6-15}$$

$$R_k = \pi d \sum q_{sk,j} l_j \tag{6-16}$$

式中 K_t——锚杆抗拔安全系数,通常 $K \geq 1.4$;

N_k——锚杆轴向拉力标准值,kN;

R_k——锚杆极限抗拔力标准值,kN;

F_h——挡土构件计算宽度内的弹性支点水平反力,kN;

s——锚杆的水平间距,m;

α——锚杆的倾角,(°);

b_a——土压力计算宽度,m;

d——锚杆的锚固体直径,m;

l_j——锚杆的锚固段在第 j 土层中的长度,m;

$q_{sk,j}$——锚固体与第 j 土层的极限黏结强度标准值,kPa,按表 6-3 取值。

表6-3　锚杆的极限黏结强度标准值 $q_{sk,j}$

土的名称	土的状态或密实度	$q_{sk,j}$（kPa）	
		一次常压注浆	二次压力注浆
填土		16～30	30～45
淤泥质土		16～20	20～30
黏性土	$I_L>1$	18～30	25～45
	$0.75<I_L\leqslant1.00$	30～40	45～60
	$0.50<I_L\leqslant0.75$	40～53	60～70
	$0.25<I_L\leqslant0.50$	53～65	70～85
	$0<I_L\leqslant0.25$	65～73	85～100
	$I_L\leqslant0$	73～90	100～130
粉土	$e>0.90$	22～44	40～60
	$0.75\leqslant e\leqslant0.90$	44～64	60～90
	$e<0.75$	64～100	80～130
粉细砂	稍密	22～42	40～70
	中密	42～63	75～110
	密实	63～85	90～130
中砂	稍密	54～74	70～100
	中密	74～90	100～130
	密实	90～120	130～170
粗砂	稍密	80～130	100～140
	中密	130～170	170～220
	密实	170～220	220～250
砾砂	中密、密实	190～260	240～290
风化岩	全风化	80～100	120～150
	强风化	150～200	200～260

注：1. 当砂土中的细粒含量超过总质量的30%时，按表取值后应乘以系数0.75；
　　2. 对有机质含量为5%～10%的有机质土，应按表取值后适当折减；
　　3. 当锚杆锚固段长度大于16 m时，应对表中数值适当折减。

锚杆的长度 l 包括锚固段长度 l_a 和自由段长度 l_f（见图6-14），其中 l_f 不应小于5.0 m。

2. 钢筋抗拉强度验算

锚杆杆体的受拉承载力应满足：

$$N\leqslant f_{py}A_p \tag{6-17}$$

式中　N——锚杆轴向拉力,kN,$N = \gamma_0 \gamma_F N_k$,其中 γ_0 为支护结构的重要性系数,见
　　　　　表 6-1,γ_F 为综合分项系数(不应小于 1.25),N_k 为锚杆轴向拉力标准值;

　　　　f_{py}——钢筋抗拉强度设计值,kPa;

　　　　A_p——钢筋的截面面积,m^2。

6.3.2.2　内支撑结构

　　内支撑结构体系:由腰梁、内支撑和立柱组成。

　　内支撑类型:钢支撑、混凝土支撑和混合支撑。

　　内支撑的平面布置:应做到为基坑开挖和下部主体结构提供尽量大的空间和便利为原则,在平面结构上可采用平行对撑形式、正交或斜交的平面杆系形式、环形杆系形式或各种组合形式。

　　内支撑结构体系的计算:可按结构力学方法进行受力计算。

6.3.3　桩、墙式支护结构稳定性验算

　　桩、墙式支护结构稳定性验算的目的是确定支护结构嵌固深度,验算支护结构的稳定性。

6.3.3.1　抗倾覆稳定性验算

　　对悬臂式支护结构,其嵌固深度 l_d 应满足绕桩(墙)底端[见图 6-15(a)]的抗倾覆稳定性要求;对设置有锚杆或内支撑的支护结构,则应满足绕最下一层支点[见图 6-15(b)]的抗倾覆(抗踢脚)稳定性要求,即

$$\frac{E_{pk} a_p}{E_{ak} a_a} \geq K_e \tag{6-18}$$

式中　E_{pk}、E_{ak}——基坑的外侧主动土压力、内侧被动土压力标准值;

　　　　a_p、a_a——基坑的外侧主动土压力、内侧被动土压力的合力点至转动点的距离,如图 6-15 所示;

　　　　K_e——抗倾覆稳定系数,通常 $K_e \geq 1.15$。

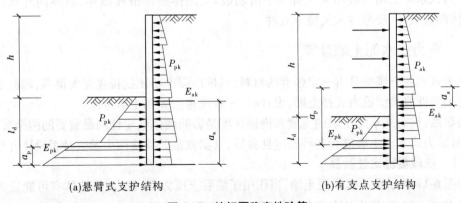

　　　(a)悬臂式支护结构　　　　　　　　　　　　　(b)有支点支护结构

图 6-15　抗倾覆稳定性验算

6.3.3.2　整体滑动稳定性验算

　　支护结构的整体滑动稳定性可采用圆弧滑动条分法进行验算,其最小稳定安全系数 $K_s \geq 1.25$。

6.3.3.3　坑底抗突涌稳定性验算

如图 6-16 所示,当坑底上部为不透水土层、下部存在承压水层时,有可能因承压水水压过大而引起坑底发生突涌。因此,承压水作用下的坑底抗突涌稳定性应满足如下要求:

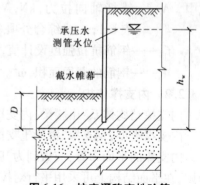

$$\frac{D\gamma}{h_w\,\gamma_w} \ge K_h \tag{6-19}$$

式中　K_h——突涌稳定安全系数,通常要求 $K_h \ge 1.1$;

D——承压含水层顶面至坑底的土层厚度,m;

图 6-16　抗突涌稳定性验算

γ——承压含水层顶面至坑底土层的天然重度,kN/m^3,对于多层土,取加权平均天然重度;

h_w——承压含水层顶面的压力水头高度,m;

γ_w——水的重度,kN/m^3。

6.4　重力式水泥土墙

重力式水泥土墙是由水泥土桩相互搭接成格栅或实体的支护结构。水泥桩是通过深层搅拌机将固化剂和原状土就地强制搅拌而成的。搅拌桩的施工工艺宜采用喷浆搅拌法。

重力式水泥土墙的优点:造价低、无振动、无噪声、无污染、施工简便、工期短。

水泥桩主要适用于软弱土地层。

重力式水泥土墙依靠自身的重力来维持基坑的稳定,其支护深度的基坑深度不宜大于 7 m。

重力式水泥土墙的破坏模式有水平滑动破坏、墙体整体滑移破坏、墙体向外倾覆破坏、墙体断裂破坏、变形过大失稳等五种。

6.4.1　重力式水泥土墙计算

重力式水泥土墙是具有一定强度的材料,其抗压强度要比抗拉强度大得多,因此水泥土墙的很多性能类似重力式挡土墙,设计时,一般按重力式挡土墙考虑。

很显然,重力式水泥土墙的宽度和嵌固深度是影响墙体稳定性的最重要的两个参数。因此,对重力式水泥土墙进行各种稳定性验算,其实就是验算这两个参数是否设计合理。

6.4.1.1　抗倾覆稳定性验算

如图 6-17 所示重力式水泥土墙,当作用于墙后土压力 E_{ak} 较大时,墙体有可能发生绕墙趾 O 的转动破坏,因此它的抗倾覆稳定性(抗倾覆力矩/倾覆力矩)应满足如下要求:

$$\frac{E_{pk}\,a_p + (G - u_m B)\,a_G}{E_{ak}\,a_a} \ge K_{OV} \tag{6-20}$$

$$u_m = \frac{\gamma_m(h_{wa} + h_{wp})}{2} \tag{6-21}$$

式中　K_{OV}——抗倾覆安全系数,通常要求 $K_{OV} \geq 1.3$;

　　　E_{ak}、E_{pk}——水泥土墙的主动土压力标准值、被动土压力标准值,kN/m^2;

　　　G——水泥土墙的自重,kN;

　　　B——水泥土墙的底面宽度,m;

　　　a_a——水泥土墙外侧主动土压力合力作用点至墙趾的竖向距离,m;

　　　a_p——水泥土墙内侧被动土压力合力作用点至墙趾的竖向距离,m;

　　　a_G——水泥土墙自重与墙底水压力合力作用点至墙趾的水平距离,m;

　　　u_m——水泥土墙底面上的平均水压力,kPa;

　　　h_{wa}、h_{wp}——水泥土墙底面外侧和内侧压力水头,m。

6.4.1.2　抗滑移稳定性验算

重力式水泥土墙抗滑移稳定性(抗滑力/滑动力)应满足如下要求(见图 6-18):

$$\frac{E_{pk} + (G - u_m B)\tan\varphi + cB}{E_{ak}} \geq K_{sl} \tag{6-22}$$

式中　K_{sl}——抗滑移安全系数,通常要求 $K_{sl} \geq 1.2$;

　　　φ、c——水泥土墙底面处土层的内摩擦角,($°$),黏聚力,kPa。

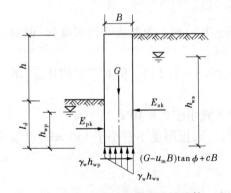

图 6-17　抗倾覆稳定性验算

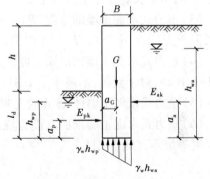

图 6-18　抗滑移稳定性验算

6.4.1.3　墙身强度验算

重力式水泥土墙的墙身强度验算包括拉应力、压应力和剪应力验算。

1. 拉应力验算

$$\frac{6M_i}{B_i^2} - \gamma_{cs} z_i \leq 0.15 f_{cs} \tag{6-23}$$

式中　M_i——重力式水泥土墙验算截面的弯矩设计值,$kN \cdot m$;

　　　B_i——验算截面处重力式水泥土墙的厚度,m;

　　　γ_{cs}——重力式水泥土墙的重度,kN/m^3;

　　　z_i——验算截面至重力式水泥土墙的垂直距离,m;

　　　f_{cs}——基坑开挖至验算截面,水泥土墙轴心抗压强度设计值,kPa。

2. 压应力验算

$$\gamma_0 \gamma_F \gamma_{cs} z_i + \frac{6M_i}{B_i^2} \leq f_{cs} \tag{6-24}$$

式中　γ_0——支护结构重要性系数；

　　　γ_F——荷载综合分项系数，通常 $\gamma_F \geqslant 1.25$。

　　3. 剪应力验算

$$\frac{E_{ak,i} - \mu G_i - E_{pk,i}}{B_i} \leqslant \frac{1}{6} f_{cs} \tag{6-25}$$

式中　$E_{ak,i}$、$E_{pk,i}$——验算截面以上的主动土压力标准值、被动土压力标准值，kN/m^2，验算截面在坑底以上时，取 $E_{ak,i} = 0$；

　　　G_i——验算截面以上的墙体自重，kN；

　　　μ——墙体材料的抗剪断系数，取 $0.4 \sim 0.5$。

6.4.2　重力式水泥土墙的构造要求

在进行重力式水泥土墙设计时，应满足以下构造要求：

(1)重力式水泥土墙通常采用水泥土搅拌桩搭接而成，桩的搭接宽度不宜小于 150 mm，搭接形式可为格栅状或实体结构。

(2)采用格栅结构形式时，格栅的面积置换率(横截面上水泥土面积/总面积)大于或等于 0.6，格子长宽比小于或等于 2。

(3)重力式水泥土墙的宽度(B)：一般 $B = (0.6 \sim 0.8)h$(h 为基坑开挖深度)。但对于淤泥质土，不宜小于 $0.7h$；对于淤泥，不易小于 $0.8h$。

(4)重力式水泥土墙的嵌固深度(l_d)：通常 $l_d = (0.8 \sim 1.2)h$。但对于淤泥质土，不宜小于 $1.2h$；对于淤泥，不易小于 $1.3h$。

(5)重力式水泥土墙体 28 d 的无侧限抗压强度不宜小于 0.8 MPa。

(6)重力式水泥土墙顶面宜设置混凝土连接面板，面板厚度不宜小于 150 mm，混凝土强度等级不宜低于 C15。

6.5　土钉墙

土体的抗剪强度较低，抗拉强度几乎为零，但原位土体一般具有一定的结构整体性。假如在土体中放置土钉，使之与土共同作用，形成复合土体，则可有效地提高土体的整体强度，弥补土体抗拉强度、抗剪强度的不足。

土钉的设计应满足强度、稳定性、变形和耐久性等要求。

6.5.1　土钉墙设计参数与整体稳定性验算

土钉墙设计参数包括土钉的长度、间距、直径、倾角及支护面层厚度等。

(1)土钉的长度：土钉一般为等长或顶部土钉稍长。土钉长度 L 与开挖深度 H 之比通常取 $0.5 \sim 1.2$。

(2)土钉间距：一般为 $1.0 \sim 1.2$ m，上下插筋交错排列。

(3)土钉筋材尺寸：多采用钢筋，一般为 $\Phi 16 \sim \Phi 32$。土钉与水平面的夹角称为土钉夹角。一般土钉向下倾斜 $5° \sim 20°$。

（4）土钉倾角：土钉与水平面的夹角称为土钉夹角。一般土钉向下倾斜 5°~20°。

（5）注浆材料：采用水泥砂浆或素水泥浆，其强度大于或等于 M10。

（6）支护面层：土钉墙的面层通常采用 80~100 mm 厚的钢筋网喷射混凝土，混凝土强度等级大于或等于 C20，钢筋网用的钢筋直径通常为 φ6~φ10，间距为 150~250 mm，并应配备一定量的通长加强筋，直径为 14~20 mm。

在基坑开挖的各个阶段，都应对土钉墙的整体滑动稳定性进行验算，即采用圆弧滑动条分法进行分析计算（见图 6-19）。

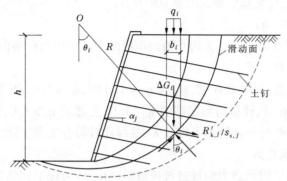

图 6-19　土钉墙整体滑动稳定性计算

通常要求土钉墙整体稳定安全系数 $K_s > 1.25$。

6.5.2　土钉承载力计算

假定土钉为受拉杆件，只需进行单根土钉的极限抗拔承载力和土钉杆体的受拉承载力验算。

6.5.2.1　土钉所受土压力

$$P_{k,j} = \xi P_{ak,j} \tag{6-26}$$

式中　$P_{k,j}$——墙面倾斜土钉墙第 j 层土钉处实际主动土压力强度标准值，kPa；

　　　$P_{ak,j}$——第 j 层土钉处计算主动土压力强度标准值，kPa；

　　　ξ——墙面倾斜时主动土压力折减系数，可按式（6-27）计算。

$$\xi = \tan\frac{\beta - \varphi_m}{2}\left(\frac{1}{\tan\dfrac{\beta + \varphi_m}{2}} - \frac{1}{\tan\beta}\right)\Big/\tan^2\left(45° - \frac{\varphi_m}{2}\right) \tag{6-27}$$

式中　β——土钉墙坡面与水平面的夹角，(°)；

　　　φ_m——基坑地面以上各土层按厚度加权的等效内摩擦角平均值，(°)。

6.5.2.2　土钉轴向拉力

单根土钉的轴向拉力标准值可按下式计算：

$$N_{k,j} = \frac{1}{\cos\alpha_j}\eta_j \cdot P_{k,j} \cdot s_{x,j} \cdot s_{z,j} \tag{6-28}$$

式中　$N_{k,j}$——第 j 层土钉轴向拉力标准值，kN；

　　　$s_{x,j}$——土钉的水平间距，m；

　　　$s_{z,j}$——土钉的垂直间距，m；

α_j——第 j 层土钉倾角,(°);

η_j——第 j 层土钉轴向拉力调整系数,可按式(6-29)计算。

$$\eta_j = \eta_a - (\eta_a - \eta_b)\frac{z_j}{h} \tag{6-29}$$

$$\eta_a = \frac{\sum \left[(h - \eta_b z_j)\Delta E_{a,j} \right]}{\sum \left[(h - z_j)\Delta E_{a,j} \right]} \tag{6-30}$$

式中　z_j——第 j 层土钉至基坑顶面的垂直距离,m;

　　　h——基坑深度,m;

　　　$\Delta E_{a,j}$——作用在以 $s_{x,j}$,$s_{z,j}$ 为边长的面积内的主动土压力标准值,kN;

　　　η_a——计算系数;

　　　η_b——经验系数,可取 $0.6 \sim 1.0$,当 $\eta_b = 1.0$ 时,$\eta_j = 1.0$,相当于不进行调整,当 $\eta_b = 0.6$ 时,计算得到底部的 $\eta_j < 1.0$,上部的 $\eta_j > 1.0$,因而底部土钉的轴力被降低而顶部轴力予以放大,这样比较符合工程实际。

6.5.2.3　土钉抗拔承载力

单根土钉的极限抗拔承载力应通过抗拔试验确定,也可按下式估算:

$$R_{k,j} = \pi d_j \sum (q_{sk,i} l_i) \tag{6-31}$$

式中　d_j——第 j 层土钉的锚固体直径,m;

　　　$q_{sk,i}$——第 j 层土钉在第 i 层土层的极限黏结强度标准值,kPa,按表6-4取值;

　　　l_i——第 j 层土钉滑动面以外部分在第 i 层土层中的长度,m,直线滑动面与水平面夹角取 $(\beta + \varphi_m)/2$(见图6-20)。

表 6-4　土钉的极限黏结强度标准值 $q_{sk,i}$

土的名称	土的状态	$q_{sk,i}$(kPa)	
		成孔注浆土钉	打入钢管土钉
素填土		$15 \sim 30$	$20 \sim 35$
淤泥质土		$10 \sim 20$	$15 \sim 25$
黏性土	$0.75 < I_L \leqslant 1.00$	$20 \sim 30$	$20 \sim 40$
	$0.25 < I_L \leqslant 0.75$	$30 \sim 45$	$40 \sim 55$
	$0 < I_L \leqslant 0.25$	$45 \sim 60$	$55 \sim 70$
	$I_L \leqslant 0$	$60 \sim 70$	$70 \sim 80$
粉土		$40 \sim 80$	$50 \sim 90$
砂土	松散	$35 \sim 50$	$50 \sim 65$
	稍密	$50 \sim 65$	$65 \sim 80$
	中密	$65 \sim 80$	$80 \sim 100$
	密实	$80 \sim 100$	$100 \sim 120$

6.5.2.4 土钉承载力验算

单根土钉的极限抗拔承载力应满足如下要求：

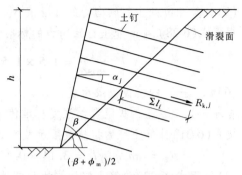

$$\frac{R_{k,j}}{N_{k,j}} \geq K_i \qquad (6\text{-}32)$$

式中 K_i——土钉抗拔安全系数，通常
要求 $K_i \geq 1.4$；

$N_{k,j}$——第 j 层土钉轴向拉力标
准值，kN，按式(6-28)计
算；

图 6-20   土钉抗拔承载力计算

$R_{k,j}$——第 j 层土钉极限抗拔承载力标准值，kN，按式(6-31)计算确定。

土钉杆体的受拉承载力应满足如下要求：

$$N_j \leq f_y A_s \qquad (6\text{-}33)$$

式中 N_j——第 j 层土钉的轴向拉力设计值，kN，$N_j = \gamma_0 \gamma_F N_{k,j}$，其中 γ_0 为支护结构重要
性系数，按表 6-1 取值，γ_F 为作用基本组合的综合分项系数，$\gamma_F \leq 1.25$；

f_y——土钉杆体的抗拉强度设计值，kPa；

A_s——土钉杆体的截面面积，m^2。

【例 6-1】 有一基坑开挖深度为 6 m，采用竖直
的土钉墙（见图 6-21）。地基为均匀的黏性土，$I_L =$
0.5，$\gamma = 19$ kN/m^3，$c = 20$ kPa，$\varphi = 25°$，地面超载
$q_0 = 30$ kPa。土钉钢筋为 Φ20HRB400（$f_y = 360$
N/mm^2），土钉长度为 6 m，倾角 15°，水平间距和竖直
间距均为 1.5 m，锚固体直径为 100 mm。如果抗拔
安全系数为 1.4，作用基本组合效应的分项系数为
1.25。试验算地面以下 4 m 处土钉的抗拔稳定性与
抗拉强度。

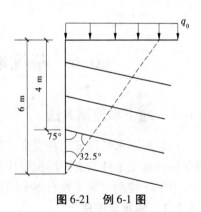

图 6-21   例 6-1 图

解：(1)计算滑动面倾角。

$$\theta = 45° - \varphi/2 = 45° - 25°/2 = 32.5°$$

(2)计算土钉在滑动面内、外的长度。

土钉在滑动面内的长度： $l_n = \dfrac{2 \times \sin 32.5°}{\sin 72.5°} = 1.13(m)$

土钉在滑动面外的长度： $l_w = 6 - l_n = 6 - 1.13 = 4.87(m)$

(3)计算主动土压力系数 K_a。

$$K_a = \tan^2\left(45° - \frac{\varphi}{2}\right) = \tan^2 32.5° = 0.406$$

(4)地面下 4 m 处主动土压力 P_{ak}。

$$P_{ak} = K_a(\gamma z + q_0) - 2c\sqrt{K_a} = 0.406 \times (19 \times 4 + 30) - 2 \times 20 \times \sqrt{0.406}$$
$$= 17.5(kPa)$$

(5)计算 4 m 处土钉轴向力的标准值 N_k。

根据式(6-28),4 m 处土钉轴向力的标准值 N_k 为

$$N_k = s_x s_z P_{ak} \frac{1}{\cos\alpha} = 1.5 \times 1.5 \times 17.5 \times \frac{1}{\cos15°} = 41(\text{kPa})$$

(6)计算土钉的抗拔极限承载力 R_k。

查表 6-4,地基土的极限黏结强度标准值 $q_{sk,i} = 37.5$ kPa。

按式(6-31)计算土钉的抗拔极限承载力 R_k:

$$R_k = \pi d_j q_{sk,i} l_i = 3.14 \times 0.1 \times 37.5 \times 4.87 = 57.3(\text{kN})$$

(7)依据式(6-32)验算土钉的抗拔稳定性。

$$\frac{R_k}{N_k} = \frac{57.3}{41} = 1.4$$

满足抗拔稳定性要求。

(8)验算土钉的抗拉强度。

依据式(6-33)进行相关计算:

土钉轴向拉力设计值 $N = \gamma_F N_K = 1.25 \times 41 = 51.3(\text{kN})$

$$f_y A_s = 360 \times 3.14 \times 20^2 / 4 = 113(\text{kN})$$

$$N < f_y A_s$$

故抗拉力符合要求。

6.6 基坑地下水控制(基坑降水)

6.6.1 地下水控制方法

控制地下水是保证工程安全、工程质量和工程进度的关键。通常应根据地质条件、环境条件和施工条件及支护结构设计等因素综合考虑。

地下水控制方法主要有集水明排法、井点降水法、截水和回灌技术。

6.6.1.1 集水明排法

集水明排法又称地面排水法,它是在基坑开挖过程中及基础施工和养护期间,在基坑四周开挖排水沟汇集坑壁及坑底渗水,并引向集水井排出。

当基坑深度不大,降水深度小于或等于 5 m,地基土为黏土、粉土、砂土或填土,地下水为上层滞水或水量不大的潜水时,可考虑集水明排的方案。

在坑底四周距拟建建筑物 0.4 m 以外设置排水沟,排水沟比挖土地面低 0.3~0.4 m,在坑底四角设置集水井,集水井比沟底低 0.5 m 以上(见图 6-22)。

6.6.1.2 井点降水法

井点降水法就是最常用的大面积降低地下水位的方法。井点降水法分为两类:①围绕基坑外侧布置一系列井点管,井点管与集水总管连接,用真空泵或射流泵抽水,将地下水位降低。按工作原理不同,又可分为轻型井点、喷射井点和电渗井点三种。②沿基坑外围,按适当距离布置若干单独互不相连的管井,组成井群,在管井中抽水以降低地下水位。

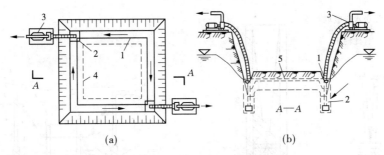

1—排水沟;2—集水井;3—水泵;4—基础外缘线；5—地下水位线

图 6-22　排水沟与集水坑降水

井点降水按照井孔性质又可分为两种:①完整井:井孔贯穿含水层,能全断面进水,井底落在隔水层上;②非完整井:井孔只进入含水层部分厚度,井底在含水层中。

1. 轻型井点法

轻型井点系统由滤管、集水总管、连接管和抽水设备等组成(见图 6-23)。

2. 喷射井点法

喷射井点法有喷水和喷气两种,井点系统由喷射器、高压水泵和管路组成。

喷射器结构形式有外接式和内接式两种(见图 6-24)。

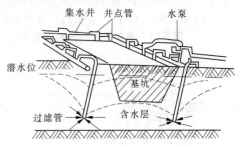

图 6-23　单排轻型井点抽排水布置

喷射井点法管路系统布置和井点管的埋设与轻型井点法基本相同。

3. 电渗井点法

对于渗透系数 $k < 0.1$ m/d(1×10^{-4} mm/s)的饱和黏土,尤其是淤泥质饱和黏土,用上述两种井点降水的效果很差,这时可用电渗井法。

电渗井法用井点管做阴极,在其内侧平行布设直径 38～50 mm 的钢管或直径大于 20 mm 的钢筋做阳极(见图 6-25)。

接通直流电(可用 9.6 ～ 55 kW 的直流电焊机)后,在电势作用下,带正电荷的孔隙水向阴极方向移动(电渗),带负电荷的黏土颗粒向阳极方向移动(电泳)。配合轻型井点法或喷射井点法将进入阴极附近的土中水经集水管排出,从而降低了地下水位。

4. 管井法

管井井点的确定先根据总涌水量验算单根井管极限涌水量,再确定井的数量。

管井由井壁管和过滤器(滤水管)两部分组成(见图 6-26)。

井壁管可用直径 200～300 mm 的铸铁管、无砂混凝土管、塑料管。

过滤器(滤水管)可用钢筋焊接骨架外包滤网(孔眼为 1～2 mm），长 2～3 m,也可在铁管或钢管上钻孔眼做骨架,外包滤网或外缠铅丝,或用多孔水泥砾石管等(见图 6-27)。

根据已确定的管井数量沿基坑外围均匀设置管井。钻孔采用泥浆护壁套管法施工,也可采用螺旋钻,但孔径应大于井管外径 150～250 mm,钻孔完成后下沉井管,并在孔壁与管井之间填 3～15 mm 厚砾石作为过滤层。

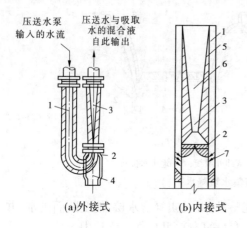

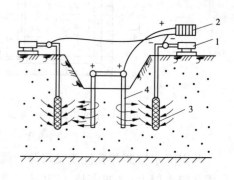

1—输入导管(亦可为同心式);2　喷嘴;3—混合室(喉管);
4—吸入管;5—内管;6—扩散室;7—工作水流

图 6-24　喷射井点构造原理图

1—水泵;2—发电机;3—井点管;4—金属棒

图 6-25　电渗井点布置图

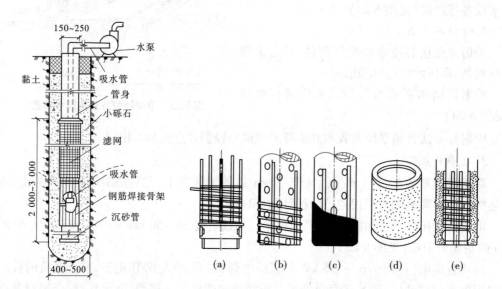

图 6-26　管井井点　(单位:mm)

图 6-27　过滤器(滤水管)

通常,用离心泵或潜水泵抽水,水泵吸水管的底端应在设计降水位的最低水位以下。

6.6.1.3　截水和回灌技术

当地下降水对周围建(构)筑物和地下设施带来不良影响时,可采用竖向截水帷幕或回灌的方法减小或避免该影响。

竖向截水帷幕通常用水泥搅拌桩、旋喷桩等做成。其结构形式有两种:一种是当含水层较薄时,穿过含水层,插入隔水层中;另一种是当含水层较厚时,帷幕悬吊在透水层中。

截水帷幕的厚度应满足基坑防渗要求,通常要求渗透系数 $K < 1.0 \times 10^{-6}$ cm/s。

在基坑开挖与降水过程中,可采用回灌技术防止因周边建筑物基础局部下沉而影响建筑物的安全。回灌方式有两种:一种是采用回灌沟回灌(见图 6-28),另一种是采用回灌井回灌(见图 6-29)。

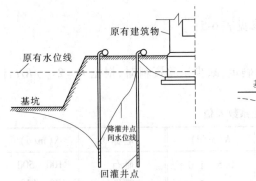

图 6-28　井点降水与回灌沟回灌示意图

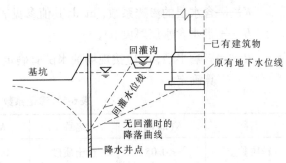

图 6-29　井点降水与回灌井回灌示意图

6.6.2　基坑降水计算

在进行基坑降水设计中,应对降水后地下水位下降深度(s)、涌水量(Q)和因降水引起的周边地层变形量进行计算。

6.6.2.1　基坑地下水位降深要求

基坑地下水位降深应符合下式要求:

$$s_i \geqslant s_d \tag{6-34}$$

式中　s_i——基坑地下水位降深,取最小值,m;

$\quad\quad s_d$——基坑地下水位的设计降深,m,应低于基坑底面 0.5 m。

6.6.2.2　地下水位降深计算

在基坑周边近似以圆形或正方形的平面形式,布设井型、间距和降深相同的降水井,进行降水。

1. 潜水完整井

当含水层为粉土、砂土或碎石土时,各降水井所围平面两个尺度较为接近,潜水完整井的基坑地下水位降深和单井流量可按下列公式计算:

$$s_i = H - \sqrt{H^2 - \frac{q}{\pi k} \sum_{j=1}^{n} \ln \frac{R}{2r_0 \sin \dfrac{(2j-1)\pi}{2n}}} \tag{6-35}$$

$$q = \frac{\pi K(2H - s_w)s_w}{\ln \dfrac{R}{r_w} + \sum_{j=1}^{n-1} \ln \dfrac{R}{2r_0 \sin \dfrac{j\pi}{n}}} \tag{6-36}$$

式中　s_i——基坑 i 点处地下水位降深,m;

$\quad\quad q$——按干扰井群计算的降水井单井流量,m^3/d;

$\quad\quad r_0$——降水井所围面积的等效圆半径,m;

$\quad\quad j$——第 j 口降水井;

$\quad\quad n$——降水井数量;

s_w——各降水井的设计降深，m；

r_w——降水井半径，m；

K——含水层的渗透系数，m/d，其值参见表6-5；

H——潜水含水层厚度，m；

R——影响半径，m，应按现场抽水试验确定，缺少试验资料时，根据 $R = 2s_w\sqrt{KH}$ 计算确定。

表6-5　渗透系数 K 值

名称	$K(\text{m/d})$	名称	$K(\text{m/d})$	名称	$K(\text{m/d})$
粉质黏土	<0.05	粉土质砂	0.5 ~ 1.0	砾石	100 ~ 500
粉土	0.05 ~ 0.1	细砂	1 ~ 5	漂砾	20 ~ 150
砂质粉土	0.1 ~ 0.5	中砂	5 ~ 20	漂石	500 ~ 1 000
黄土	0.25 ~ 0.5	粗砂	20 ~ 50		

2. 承压水完整井

当含水层为粉土、砂土或碎石土时，各降水井所围平面两个尺度较为接近，且 n 个降水井的型号、间距、降深相同时，承压水完整井的基坑地下水位降深和单井流量可按下列公式计算：

$$s_i = \frac{q}{2\pi MK} \sum_{j=1}^{n} \ln \frac{R}{2r_0 \sin \frac{(2j-1)\pi}{2n}} \tag{6-37}$$

$$q = \frac{2\pi MKs_w}{\ln \dfrac{R}{r_w} + \sum_{j=1}^{n-1} \ln \dfrac{R}{2r_0 \sin \dfrac{j\pi}{n}}} \tag{6-38}$$

式中　M——承压水含水层的厚度，m；

　　　其他符号含义同前。

6.6.2.3　基坑涌水量计算

基坑降水的总涌水量是降水设计的主要依据，基坑降水的总涌水量可根据不同的条件假设基坑为一大口径的降水井，计算这一大口径降水井的出水量，简称大井法。

1. 潜水完整井

群井按大口径井简化时，均质含水层潜水完整井的基坑降水总涌水量可按下式计算（见图6-30）：

$$Q = \pi K \frac{(2H - s_d) s_d}{\ln(1 + \dfrac{R}{r_0})} \tag{6-39}$$

式中　Q——基坑降水的总涌水量，m^3/d；

　　　s_d——基坑内水位设计降深，m；

　　　R——沿基坑周边均匀布置的降水井群所围面积等效圆的半径，m；

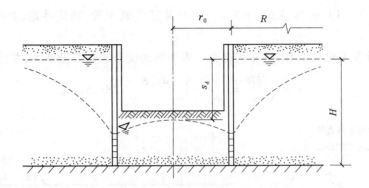

图 6-30 潜水完整井基坑涌水量简化计算

其他符号意义同前。

2. 承压水完整井

群井按大口径井简化时,均质含水层承压水完整井的基坑降水总涌水量可按下式计算(见图 6-31):

$$Q = 2\pi K \frac{Ms_d}{\ln(1 + \frac{R}{r_0})} \tag{6-40}$$

式中符号含义同前。

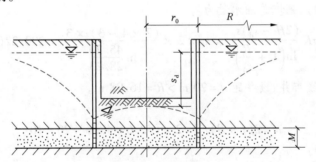

图 6-31 承压水完整井基坑涌水量简化计算

对于潜水非完整井和承压水非完整井的涌水量计算,详见《建筑基坑支护技术规程》(JGJ 120—2012)。

在确定了基坑的总涌水量后,可按下式计算单井的设计流量(q),以选择合适的井点类型。

$$q = 1.1\frac{Q}{n} \tag{6-41}$$

式中 Q——基坑降水的总涌水量,m^3/d;

n——降水井数量。

【例 6-2】 图 6-32(a)为一个用钻孔排桩支护的基坑,支护桩外缘线平面尺寸长 $L = 52.6\ m$,宽 $B = 47.6\ m$,基坑开挖深度为 12 m,基底位于粉土土层,地下水为潜水,静止水位标高为 -10 m,粉土以下为黏土隔水层,未发现地下水。为保证基坑开挖,需将基坑范

围内潜水降至 –13 m,即降深 $s = 3$ m。试计算基坑涌水量,确定井距、井数和单井抽水量。

解:为计算基坑涌水量,将基坑视为一等面积的圆形大口径抽降井,井的相应半径为

$$r = \sqrt{\frac{LB}{\pi}} = \sqrt{\frac{52.6 \times 47.6}{\pi}} = 28.23(\text{m})$$

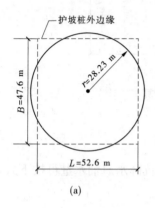

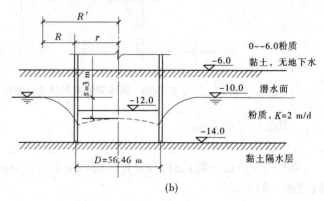

图 6-32　例 6-2 题

影响半径为

$$R' = r + R = r + 2s_d\sqrt{KH} = 28.23 + 2 \times 3 \times \sqrt{2 \times 4} = 28.23 + 16.97 = 45.20(\text{m})$$

根据式(6-39),基坑总涌水量为

$$Q = \pi K \frac{(2H - s_d)s_d}{\ln\left(1 + \frac{R}{r_0}\right)} = \pi \times 2 \times \frac{(2 \times 4 - 3) \times 3}{\ln\frac{45.20}{28.23}} = 200.22(\text{m}^3/\text{d})$$

沿基坑外缘线布井,设井距 $d = 20$ m $> R = 16.98$ m。

井数为

$$n = 2(L + B)/d = 2 \times (52.6 + 47.6)/20 = 10$$

单井抽水量为

$$q = 1.1Q/n = 1.1 \times 200.22/10 = 22.0(\text{m}^3/\text{d})$$

思考题与习题

6-1　试述基坑、基坑支护和基坑工程的概念。

6-2　试述基坑支护结构的类型和适用条件。

6-3　如何计算基坑支护结构上的土压力?

6-4　简述排桩式支护结构桩的排列形式。

6-5　简述土层锚杆的计算。

6-6　试述桩、墙式支护结构的稳定性验算。

6-7　如何进行坑底抗突涌稳定性验算?

6-8　试述水泥土墙的特点和构造要求。

6-9 试述土钉墙的概念和特点。

6-10 土钉墙的设计参数主要有哪些?

6-11 土钉墙的计算内容有哪些?

6-12 如何进行土钉墙的稳定性验算?

6-13 基坑地下水的控制方法有哪些?

6-14 如何布置轻型井点降水?

6-15 如何布置管井井点抽降水?

6-16 如何进行基坑降水计算?

6-17 某一基坑开挖深度为 6 m,采用竖直的土钉墙(见图 6-21)。地基为均匀的黏性土,$I_L = 0.5$,$\gamma = 20$ kN/m³,$c = 20$ kPa,$\varphi = 26°$,地面超载 $q_0 = 40$ kPa。土钉钢筋为 Φ20HRB400($f_y = 360$ N/mm²),土钉长度为 6 m,倾角 15 °,水平间距和竖直间距均为 1.4 m,锚固体直径为 100 mm。如果抗拔安全系数为 1.4,作用基本组合效应的分项系数为 1.25。试验算地面以下 4 m 处土钉的抗拔稳定性与抗拉强度。

6-18 图 6-32 为一个用钻孔排桩支护的基坑,支护桩外缘线平面尺寸长 $L = 52.6$ m,宽 $B = 47.6$ m,基坑开挖深度为 12 m,基底位于粉土土层,地下水为潜水,静止水位标高为 −10 m,粉土以下为黏土隔水层,未发现地下水。为保证基坑开挖,需将基坑范围内潜水降至 −13.5 m,即降深 $s = 3.5$ m。试计算基坑涌水量,确定井距、井数和单井抽水量。

第7章　地基处理

7.1　概　述

地基处理也称地基加固,是人为改善岩土的工程地质性质或地基组成,提高地基承载力,改善其变形性能或渗透性能,使之适应基础工程需要而采取的技术措施。经过处理的地基称为人工地基。

7.1.1　软土地基的利用与处理

若地基主要受力层由软弱土组成,则为软弱地基。

所谓软弱土,一般是指淤泥、淤泥质土、松散杂填土、欠固结冲填土及其他高压缩性土。

软弱地基的承载力一般较低,沉降和不均匀沉降往往较大,需要进行地基处理使之成为可靠的地基持力层。

对于新建工程,原则上首先应考虑利用天然地基,但有机质含量较多的生活垃圾和对基础有腐蚀性的工业废料等杂填土,未经处理不宜作为地基持力层。

地基处理的目的主要是:

(1)提高土的抗剪强度,使地基保持稳定;

(2)降低土的压缩性,使地基的沉降和不均匀沉降降至允许范围内;

(3)降低土的渗透性或渗流的水力梯度,防止或减少水的渗漏,避免渗流造成地基破坏;

(4)改善土的动力性能,防止地基产生震陷变形或因土的振动液化而丧失稳定性;

(5)减少或消除土的湿陷性或胀缩性引起的地基变形,避免建筑物破坏或影响其正常使用。

地基处理除用于新建工程的软弱和特殊土地基外,也作为事后补救措施用于已建工程地基加固。

7.1.2　常用地基处理方法分类

地基处理方法很多,按其处理原理和效果大致可分为换填垫层法、排水固结法、压密振密法、复合地基法、灌浆法、加筋法等类型。

7.1.2.1　换填垫层法

换填垫层法是用砂、碎石、矿渣或其他合适的材料置换地基中的软弱或特殊土层,分层压实后作为基底垫层,从而达到处理的目的。它常用于处理软弱地基,也可用于处理湿陷性黄土和膨胀土地基。换填垫层法一般用于处理浅层地基(深度小于或等于3 m)。

7.1.2.2　排水固结法

排水固结法就是用预压、降低地下水位、电渗等方法促使土层排水固结,以减少地基的沉降和不均匀沉降,提高其承载力。该法是处理饱和黏性土地基常用的方法之一。

7.1.2.3　压密振密法

压密振密法是借助机械、夯锤或爆破产生的夯压或振冲,使土的孔隙比减小而达到处理的目的。其中,主要有分层碾压法、振动压实法、重锤夯实法、强夯法及振冲法等。该法可用于处理无黏性土、杂填土、非饱和黏性土及湿陷性黄土等地基。

7.1.2.4　复合地基法

复合地基法是通过挤压、灌注、夯实及拌和等方法在地基中形成砂石、矿渣、灰土、水泥土等桩体,这些桩体和原地土组成复合地基,共同承担荷载。复合地基法应用较广,常用的主要有灰土挤密桩、石灰桩、挤密砂石桩、置换砂石桩、刚性桩、夯实水泥桩、深层搅拌桩及高压旋喷桩。

7.1.2.5　灌浆法

灌浆法是利用压力传送或利用电渗原理,把含有胶结物质并能固化的浆液灌入土层,使其渗入岩土的孔隙或裂隙中,或者把很稠的浆体压入事先打好的钻孔中,借助浆体传递的压力挤密土体,达到加固处理目的。该法一般用于处理砂土、砂砾石等地基。

7.1.2.6　加筋法

加筋法是采用强度较高、变形较小、老化慢的土工合成材料,如土工织物、塑料格栅等,分层铺设,与地基土构成加筋土垫层。土工合成材料还可起到排水、反滤、隔离和补强作用。加筋法常用于公路路堤的加固,也可用于处理软弱地基。

7.1.2.7　托换技术(或称基础托换)

托换技术是指需对原有建筑物地基和基础进行处理、加固或改建,或在原有建筑物基础上修建地下工程或因邻近建筑物建造新工程而影响原有建筑物的安全时,所采取的技术措施的总称。

7.2　复合地基理论

7.2.1　复合地基的概念与分类

复合地基是指由两种刚度(或模量)不同的材料(桩体和桩间土)组成,共同承担上部荷载并协调变形的人工地基。根据桩体材料的不同,复合地基有多种类型,见图7-1。

在散体材料桩复合地基中最常用的是砂桩复合地基。

复合地基中的许多独立桩体,其顶部与基础不连接,称为竖向增强体。复合地基设计应满足承载力和变形要求。

7.2.2　复合地基作用机制与破坏模式

7.2.2.1　作用机制

复合地基的作用主要有以下几种:

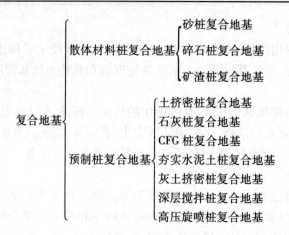

图 7-1　复合地基的分类

（1）桩体作用。复合地基是许多独立桩体与桩间土共同工作,由于桩体的刚度比周围土体大,复合地基的承载力和刚度高于原地基,沉降量有所减少。复合地基中的桩体也称竖向增强体。

（2）加速排水固结。碎石桩、砂桩具有良好的透水特性,可加速地基的排水固结。

（3）挤密作用。砂桩、土桩、石灰桩、碎石桩等在施工过程中由于振动、挤压、排土等,可对桩间土起到一定的密实作用。

（4）加筋作用。各种复合地基中的桩体进入土体,起到加筋作用。

7.2.2.2　破坏模式

复合地基破坏模式可分为以下 4 种:刺入破坏、鼓胀破坏、整体剪切破坏和滑动破坏,如图 7-2 所示。

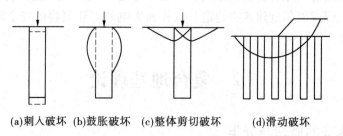

(a)刺入破坏　(b)鼓胀破坏　(c)整体剪切破坏　　(d)滑动破坏

图 7-2　复合地基破坏模式

1.刺入破坏

桩体刚度较大、地基土强度较低的情况下较易发生桩体刺入破坏[见图 7-2(a)]。桩体发生刺入破坏后,不能承担荷载,进而引起桩间土发生破坏,导致复合地基全面破坏。刚性桩复合地基较易发生此类破坏。

2.鼓胀破坏

在荷载作用下,桩间土不能提供足够的围压来阻止桩体发生过大的侧向变形,从而产生桩体鼓胀破坏[见图 7-2(b)],进而引起复合地基全面破坏。散体材料桩复合地基往往发生鼓胀破坏。

3.整体剪切破坏

在荷载作用下,复合地基将出现塑性区,在滑动面上桩和土体均发生剪切破坏。散体材料桩复合地基较易发生整体剪切破坏[见图 7-2(c)]。

4.滑动破坏

在荷载作用下,复合地基沿某一滑动面产生滑动破坏[见图 7-2(d)]。在滑动面上,桩体和桩间土均发生剪切破坏。各种复合地基都可能发生这类形式的破坏。

7.2.2.3　构造褥垫层作用

复合地基与桩基础在构造上的区别是桩基础中的群桩与基础承台相连接,而复合地基中的桩体与浅基础之间通过褥垫层过渡(见图 7-3)。复合地基的褥垫层可调整桩土相对变形,保证桩土共同承担荷载,可减小基础底面的应力集中。褥垫层一般采用中砂、粗砂、级配砂石或碎石等散体材料,不得使用卵石,最大粒径不宜大于 30 mm。

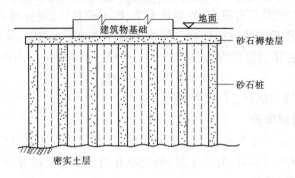

图 7-3　砂石桩复合地基

7.2.3　复合地基的有关设计参数

7.2.3.1　面积置换率

复合地基一般是桩土复合地基,桩在平面上往往按三角形或正方形布置(见图 7-4),其分担的处理面积为 $\sqrt{3}s^2/2$ 或 s^2(s 为相邻桩的中心距)。设计时通常将其一根桩所分担的处理面积换算为大小不变的等效圆面积及其等效影响圆直径(见图 7-4)。复合地基面

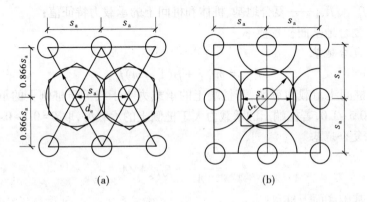

图 7-4　砂石桩的平面布置

积置换率 m 定义为

$$m = A_p/A_e = d^2/d_e^2 \tag{7-1}$$

式中　A_p——桩体的横截面面积，m^2；

　　　A_e——桩体处理面积的等效圆面积，m^2；

　　　d——桩身直径，m；

　　　d_e——等效圆直径，m。

7.2.3.2　桩土应力比

$$n = \sigma_p/\sigma_s \tag{7-2}$$

式中　σ_p——荷载作用下，复合地基中桩体的竖向平均应力，kPa；

　　　σ_s——桩间土的竖向平均应力，kPa。

桩土应力比是复合地基的一个重要设计参数，它关系到复合地基承载力和变形的计算。影响桩土应力比的因素有很多，如荷载水平、桩土模量比、复合地基面积置换率等。

实际工程中，多用模量比进行计算。假定在刚性基础下，桩体和桩间土的竖向应变相等，即 $\varepsilon_p = \varepsilon_s$，于是，桩体上竖向应力 $\sigma_p = E_p \varepsilon_p$，$\sigma_s = E_s \varepsilon_s$，则桩土应力比的表达式为

$$n = \sigma_p/\sigma_s = E_p/E_s \tag{7-3}$$

式中　E_p、E_s——桩体和桩间土的压缩模量。

7.2.3.3　复合土层压缩模量

复合地基加固区由桩体和桩间土两部分组成，呈非均质。在复合地基计算中，为了简化计算，将加固区视作一均质的复合土层，则与原非均质复合土层等价的均质复合土层的模量称为复合土层压缩模量。

7.2.4　复合地基承载力确定

7.2.4.1　复合求和法

复合求和法是分别确定复合地基中桩体和桩间土的承载力，依据一定的原则将两者叠加得到复合地基的承载力。复合求和法的计算公式依据桩的类型不同略有差别。

1.散体材料桩复合地基

$$f_{sp\cdot k} = mf_{p\cdot k} + (1 - m)f_{s\cdot k} \tag{7-4}$$

式中　$f_{sp\cdot k}$、$f_{p\cdot k}$、$f_{s\cdot k}$——复合地基、桩体和桩间土的承载力特征值；

　　　m——复合地基面积置换率。

2.柔性桩复合地基

$$f_{sp\cdot k} = mf_{p\cdot k} + \beta(1 - m)f_{s\cdot k} \tag{7-5}$$

式中　β——桩间土承载力系数，若桩端土的承载力小于或等于桩侧土的承载力，取 $\beta = 0.5 \sim 1.0$，若桩端土的承载力大于桩侧土的承载力，取 $\beta = 0.1 \sim 0.4$。

3.刚性桩复合地基

$$f_{sp\cdot k} = \frac{NR_k^d}{A} + \beta f_{s\cdot k}A_s/A \tag{7-6}$$

式中　N——基础底面下桩数；

　　　R_k^d——单桩承载力特征值；

A——基础底面面积；

A_s——桩间土面积；

β——桩间土承载力折减系数，$\beta = 0.8 \sim 1.0$。

7.2.4.2　稳定分析法

稳定分析法是将复合地基视作一个整体，按整体剪切破坏或整体滑动破坏计算复合地基承载力特征值。稳定分析法很多，但通常采用圆弧分析法（见图 7-5）。在计算时，地基土的强度指标应分区计算，加固区和未加固区采用不同的强度指标，未加固区采用天然地基土的强度指标，加固区土体强度指标可分别采用桩体和桩间土的强度指标，也可采用复合土体的综合强度指标。

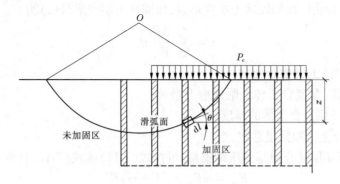

图 7-5　圆弧分析法

在分析计算时，假设圆弧滑动面经过加固区和未加固区。沿滑动面发生破坏的安全系数 $K = M_R / M_s$，其中 M_s 为滑动面上的总滑动力矩，M_R 为滑动面上的总抗滑力矩。

（1）当桩体和桩间土的强度指标分开考虑时，其复合地基的抗剪强度表达式可表示为

$$\tau_{ps} = m\tau_p + (1 - m)\tau_s \tag{7-7}$$

式中　τ_{ps}、τ_p、τ_s——复合地基、桩体和桩间土的抗剪强度。

（2）按综合强度指标计算时，复合土体内摩擦角 φ_c、黏聚力 c_c 可采用以下两式计算：

$$\tan\varphi_c = m\tan\varphi_p + (1 - m)\tan\varphi_s \tag{7-8}$$

$$c_c = mc_p + (1 - m)c_s \tag{7-9}$$

式中　φ_p——桩体的内摩擦角，(°)；

φ_s——桩间土的内摩擦角，(°)；

c_s——桩间土的黏聚力，kPa。

7.2.4.3　载荷试验法

复合地基载荷试验分为两种：①单桩复合地基载荷试验：承压板（刚性）面积为一根桩体承担的处理面积；②多桩复合地基载荷试验：承压板（刚性）面积按实际桩体数所承担的处理面积确定。

试验时，单桩的中心或多桩的形心应与承压板的中心保持一致，并与荷载作用点相重合。承压板底高程宜与基础底面设计高程相适应。承压板底面下宜铺设与复合地基褥垫层相适应的垫层，垫层顶面宜设计中、粗砂找平层，厚度 $50 \sim 150$ mm。试坑的长度和宽度

应不小于承压板尺寸的 3 倍,基准梁的支点应设在试坑之外。

加荷等级可分为 8~12 级。最大加载压力不宜小于设计压力值的 2 倍。每加一级荷载均各读记承压板沉降一次。当 1 h 内沉降小于 0.1 mm 时,即可加下一级荷载。

复合地基承载力特征值(实测值)的确定与前述单桩竖向抗压静载荷试验法基本相同,此处不再赘述。

7.2.5　复合地基变形计算

通常,复合地基沉降量分为两部分:①复合地基加固区变形量;②加固区下垫层变形量。前者通常采用复合压缩模量法进行计算,后者一般采用分层总和法。

采用分层总和法计算加固区土层变形量,加固区土层变形量(s)为

$$s = \sum_{i=1}^{n} \frac{\Delta P_i}{E_{psi}} H_i \tag{7-10}$$

式中　s——加固区土层变形量;

　　　ΔP_i——第 i 层复合土体上附加应力增量;

　　　H_i——第 i 层复合土体的厚度;

　　　n——复合土体的分层总数;

　　　E_{psi}——第 i 层复合地基的压缩模量,可按式(7-11)或式(7-12)计算。

$$E_{psi} = mE_{pi} + (1 - m)E_{si} \tag{7-11}$$

或
$$E_{psi} = [1 + m(n - 1)]E_{si} \tag{7-12}$$

式中　E_{pi}、E_{si}——第 i 层桩体、桩间土的压缩模量;

　　　n——桩土应力比,无实测资料时,对于黏性土可取 2.0~4.0,对于砂土和粉土可取 1.5~3.0。

【例 7-1】　松散砂土地基加固前的承载力 $f_a = 100$ kPa,采用振冲桩加固,振冲桩直径为 500 mm。桩距为 1.2 m,正三角形排列,经振冲后,由于振密作用,原土的承载力提高了 25%,若桩土应力比为 3,求复合地基的承载力。

解:可采用简化的复合地基承载力公式进行计算:

$$f_{spk} = [1 + m(n - 1)]f_{sk}$$

$$m = \left(\frac{d}{d_e}\right)^2$$

式中　f_{spk}——复合地基承载力特征值,kPa;

　　　f_{sk}——处理后桩间土承载力特征值,kPa,可按地区经验确定;

　　　m——复合地基面积置换率;

　　　n——复合地基桩土应力比,可按地区经验确定;

　　　d——桩身平均直径,m;

　　　d_e——每根桩分担的处理地基面积的等效圆直径,m,等边三角形布桩时,$d_e = 1.05s$,正方形布桩时,$d_e = 1.13s$,矩形布桩时,$d_e = 1.13\sqrt{s_1 s_2}$,s、s_1、s_2 分别为桩中心距、纵向桩中心距、横向桩中心距。

已知:桩土应力比 $n = 3$。

(1)求 f_{sk}(处理后桩间土承载力特征值)。

$$f_{sk} = 1.25 f_a = 1.25 \times 100 = 125 (kPa)$$

(2)求 m(复合地基面积置换率)。

正三角形布桩时,$d_e = 1.05s$。

$$m = \left(\frac{d}{d_e} \right)^2 = \left(\frac{0.5}{1.05 \times 1.2} \right)^2 = 0.157$$

(3)计算复合地基的承载力。

$$f_{spk} = [1 + m(n-1)] f_{sk} = [1 + 0.157 \times (3-1)] \times 125 = 164.25 (kPa)$$

7.3　换填垫层法

7.3.1　换填垫层法及其主要作用

当软弱土地基的承载力和变形不能满足建筑物要求,而软弱层厚度又不很大时,可将基础底面下处理范围内的软弱土层部分或全部挖去,然后分层换填强度较大的砂、碎石、素土、灰土、粉煤灰、高炉干渣或其他性能稳定、无侵蚀性的材料,并压(夯、振)实至要求的密实度,这种地基处理方法称为换填垫层法。按回填材料可分为砂垫层、碎石垫层、灰土垫层等。换填垫层法能提高持力层的地基承载力,减少沉降量,加速排水固结,消除或部分消除土的湿陷性和胀缩性,防止土的冻胀作用,以及改善土的抗液化性能,是浅层地基处理的一种常用和有效的方法。

换填垫层法适用于淤泥、淤泥质土、湿陷性黄土、素填土、杂填土等地基,以及暗沟、暗塘等不良地基的浅层地基。换填垫层的厚度一般为 0.5~3.0 m。

垫层的作用主要有以下三个方面:

(1)提高地基承载力。用强度较大的砂石等材料代替可能产生剪切破坏的软弱土,可提高地基的承载力,避免地基的破坏。

(2)减少地基沉降量。基础下浅层部分沉降量在总沉降量中所占比例较大,若以密实的砂石替换上部软弱土层,就可减少这部分沉降量。

(3)垫层用透水材料可加速软弱土层的排水固结。透水材料做垫层,为基底下软土提供了良好的排水面,不仅可使基础下面的孔隙水迅速消散,还可加速垫层下软土层的固结及强度提高。

7.3.2　垫层设计

垫层设计的主要内容是确定断面的合理宽度和厚度。设计的垫层不但要求满足建筑物对地基变形及稳定的要求,而且应符合经济合理的原则。

7.3.2.1　垫层厚度的确定

从上述垫层的作用原理出发,垫层的厚度必须满足如下要求:当上部荷载通过垫层按一定的扩散角传至下卧软土层时,该下卧软土层顶面处所受的自重压力与附加压力之和不大于该处土层的地基承载力特征值,如图 7-6 所示。其表达式为

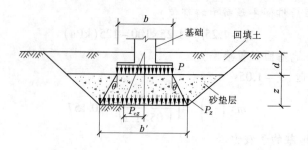

图 7-6　砂垫层剖面图

$$P_z + P_{cz} \leq f_{az} \tag{7-13}$$

式中　P_z——相应于荷载效应标准组合时垫层底面处的附加压力，kPa；

　　　P_{cz}——垫层底面处的自重压力，kPa；

　　　f_{az}——垫层底面处软弱土层经深度修正后的地基承载力特征值，kPa。

垫层底面处的附加应力值 P_z 可用前述应力扩散角 θ 理论进行简化计算：

矩形基础

$$P_z = \frac{bl(P_k - P_c)}{(l + 2z\tan\theta)(b + 2z\tan\theta)} \tag{7-14}$$

条形基础

$$P_z = \frac{b(P_k - P_c)}{b + 2z\tan\theta} \tag{7-15}$$

式中　b——矩形基础或条形基础的底面宽度，m；

　　　l——矩形基础底面的长度，m；

　　　z——基础底面下垫层的厚度，m；

　　　P_k——相应于荷载效应标准组合时基础底面平均压力，kPa；

　　　P_c——基础底面处的自重应力，kPa；

　　　θ——垫层的压力扩散角，可根据垫层料的种类和垫层厚度由表 7-1 确定。

表 7-1　压力扩散角 θ　　　　　　　　　　　　（°）

z/b	换填材料		
	中砂、粗砂、砾砂、圆砾、角砾、卵石、碎石	黏性土和粉土（$8<I_P<14$）	灰土
0.25	20	6	28
≥0.5	30	23	28

注：表中当 $z/b<0.25$ 时，除灰土仍取 $\theta=28°$ 外，其余材料均取 $\theta=0°$；当 $0.25\leq z/b<0.5$ 时，θ 值可内插求得。

正好满足式(7-13)的 z 值，就是要求的垫层厚度。一般计算时，先根据初步拟定的垫层厚度，再用式(7-13)进行复核。垫层厚度一般不宜大于 3 m，太厚导致施工困难，成本增大；但也不宜小于 0.5 m，太薄则换填层的作用不显著。

7.3.2.2 垫层底面尺寸的确定和垫层材料

垫层底面尺寸的确定常用的方法是扩散角法。根据图 7-6,矩形基础的垫层底面的长度及宽度为

$$l' \geqslant l + 2z\tan\theta \tag{7-16}$$

$$b' \geqslant b + 2z\tan\theta \tag{7-17}$$

式中 l'、b'——矩形基础垫层底面的长度及宽度;

θ——垫层的压力扩散角,按表 7-1 取值。

条形基础则只按式(7-17)计算垫层面宽度。

垫层顶面每边最好比基础底面大 300 mm,或从垫层底面两侧向上按当地开挖基坑经验的要求放坡延伸至地面。

垫层的承载力一般应通过现场试验确定,各种换填垫层的压实标准可按表 7-2 选用。

表 7-2   各种换填垫层的压实标准

施工方法	换填材料类别	压实系数 λ_c
碾压、振密或夯实	碎石、卵石	0.94~0.97
	砂夹石(其中碎石、卵石占全重的 30%~50%)	
	土夹石(其中碎石、卵石占全重的 30%~50%)	
	中砂、粗砂、砾砂、石屑	
	黏性土和粉土($8<I_P<14$)	
	灰土	0.95
	粉煤灰	0.90~0.95

注:压实系数 λ_c 为土的控制干密度 ρ_d 与最大干密度 ρ_{dmax} 的比值;土的最大干密度采用击实试验确定,碎石或卵石的最大干密度可取 2.0×10^3~2.2×10^3 kg/m³。当采用轻型击实试验时,压实系数 λ_c 宜取高值;当采用重型击实试验时,压实系数 λ_c 可取低值。矿渣垫层的压实指标为最后两遍压实的压陷差小于 2 mm。

对于重要的建筑或垫层下存在软弱下卧层的建筑,还要求按分层总和法计算基础的沉降量,以便使建筑物基础的最终沉降量小于建筑物的允许沉降值。

垫层材料可选用级配良好的含泥量小于或等于 3%的中砂、粗砂、砾砂、砾屑,有机质含量小于或等于 5%的黏土(均质土),体积配合比为 2:8 或 3:7 的灰土、粉煤灰、矿渣等。垫层应分层施工,每层可取 200~300 mm,每层施工结束均应做质量检验。垫层质量可用静力触探、动力触探和标准贯入试验检验。

【例 7-2】   某砖混结构住宅建筑,承重墙下为条形基础,宽 1.2 m,埋深 1 m,上部建筑物作用于基础的载荷为 120 kN/m,基础的平均重度为 20 kN/m³,地基土表层为粉质黏土,厚度为 1 m,重度为 17.5 kN/m³;第二层为淤泥,厚 15 m,重度为 17.8 kN/m³,地基承载力特征值 $f_{ak}=50$ kPa;第三层为密实的砂砾层。地下水距地表 1 m。因为地基土较软弱,不能承受建筑物的荷载,试设计砂垫层。

解: (1)先假设砂垫层为 1 m,并要求分层碾压夯实,干密度大于或等于 1.5 t/m³。

(2)砂垫层厚度的验算。根据题意,基础底面平均压力为

$$P_k = \frac{F_k + G_k}{b} = \frac{120 + 1.2 \times 1 \times 20}{1.2} = 120(\text{kPa})$$

据垫层厚度、宽度和垫层材料,查表 7-1 得扩散角 $\theta = 30°$, 砂垫层底面的附加压力由式(7-15)计算可得

$$P_z = \frac{b(P_k - P_c)}{b + 2z\tan\theta} = \frac{1.2 \times (120 - 17.5 \times 1)}{1.2 + 2 \times 1 \times \tan30°} = 52.2(\text{kPa})$$

垫层底面处的自重压力为

$$P_{cz} = 17.5 \times 1 + (17.8 - 10) \times 1 = 25.3(\text{kPa})$$

根据下卧层淤泥地基承载力特征值 $f_{ak} = 50$ kPa,再根据式(2-10)经深度修正后可得地基承载力特征值(淤泥的承载力修正系数 $\eta_d = 1.0$):

$$f_{az} = f_{ak} + \eta_d\gamma_m(d - 0.5) = 50 + 1.0 \times \frac{17.5 \times 1 + (17.8 - 10) \times 1}{2} \times (2 - 0.5) = 69(\text{kPa})$$

则　　　　　　　　$P_z + P_{cz} = 52.2 + 25.3 = 77.5(\text{kPa}) > f_{az} = 69 \text{ kPa}$

这说明所设计的垫层厚度不够,再假设垫层厚度为 1.5 m,同理可得

$$P_z = 42.0 \text{ kPa}, \quad P_{cz} = 29.2 \text{ kPa}, \quad f_{az} = 73.4 \text{ kPa}$$

则　　　　　　　　$P_z + P_{cz} = 42.0 + 29.2 = 71.2(\text{kPa}) < f_{az} = 73.4 \text{ kPa}$

(3)确定砂垫层的底宽 b'。

根据式(7-17),砂垫层的底宽为

$$b' = b + 2z\tan\theta = 1.2 + 2 \times 1.5 \times \tan30° = 2.93(\text{m})$$

取 $b' = 3$ m。

(4)绘制砂垫层剖面图,如图 7-7 所示。

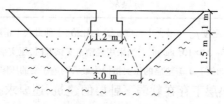

图 7-7　例 7-2 图

【例 7-3】 某砖石承重结构,其条形基础上的竖向荷载 $F_k = 190$ kN/m,基础布置和地基土层断面如图 7-8 所示。基础及其上填土的平均重度 $\gamma = 19.6$ kN/m³,淤泥层的承载力特征值 $f_{ak} = 175$ kPa。为满足建筑结构对承载力要求,试考虑基础下用厚 1.5 m 的砂垫层进行处理。

解: (1)验算砂垫层承载力。

基底压力:

$$P_k = \frac{F_k + G_k}{b} = \frac{190 + 19.6 \times 1.2 \times 1.2}{1.2} = 181.9(\text{kN/m}^2)$$

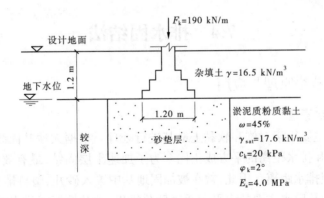

图 7-8 例 7-3 图

已知砂、砾料垫层的承载力特征值 $f_{ak}=175$ kPa, 根据式(2-10)经深度修正后可得地基承载力特征值(淤泥质土的承载力修正系数 $\eta_d=1.0$):

$$f_{az}=f_{ak}+\eta_d\gamma_m(d-0.5)=175+1.0\times16.5\times(1.2-0.5)=186.5(\text{kPa})>P_k=181.9 \text{ kPa}$$

故垫层顶面承载力满足要求。

(2)验算砂垫层底面淤泥质粉质黏土承载力。

按式(7-13)要求:

$$P_z+P_{cz}\leqslant f_{az}$$

求垫层底面处的自重应力 P_{cz}。换砂垫层后, 取垫层料的有效重度为 10 kN/m^3。

$$P_{cz}=16.5\times1.2+10\times1.5=34.8(\text{kN/m}^2)$$

求垫层底面处的附加压力 P_z。根据表 7-1, 当 $z/b=1.5/1.2=1.25>0.5$, 故砂垫层应力扩散角 $\theta=30°$, 代入式(7-15)得

$$P_z=\frac{b(P_k-P_c)}{b+2z\tan\theta}=\frac{1.2\times(181.9-16.5\times1.2)}{1.2+2\times1.5\times\tan30°}=66.3(\text{kN/m}^2)$$

按式(2-9)求垫层底面淤泥质土的承载力。由 $\varphi_k=2°$, 查表 2-3 得 $M_b=0.03$, $M_d=1.12$, $M_c=3.32$, 代入式(2-9)得

$$\begin{aligned}f_a&=M_b\gamma b+M_d\gamma_m d+M_c c_k\\&=0.03\times(17.6-10)\times1.2+1.12\times\frac{16.5\times1.2+(17.6-10)\times1.5}{1.2+1.5}\times\\&\quad(1.2+1.5)+3.32\times20\\&=101.6(\text{kN}/\text{m}^2)\end{aligned}$$

$$P_z+P_{cz}=66.3+34.8=101.1(\text{kN/m}^2)<101.6 \text{ kN/m}^2$$

故垫层底淤泥质土满足承载力要求。

(3)确定垫层尺寸。

根据应力扩散理论, 应力扩散宽度为

$$b'=b+2z\tan\theta=1.2+2\times1.5\times\tan30°=2.93(\text{m})$$

取垫层底面宽 $b'=3$ m。其顶面尺寸可根据基坑开挖放坡要求确定, 但也不应小于 3 m。

7.4　排水固结法

7.4.1　排水固结法原理与应用

7.4.1.1　排水固结原理

排水固结法主要用于对饱和软黏土地基进行处理。根据太沙基固结理论,饱和软黏土固结所需时间和排水距离的平方成正比。为了加速土层固结,最有效的方法是增加土层排水途径,缩短排水距离。因此,常在被加固地基中置入砂井、塑料排水板(带)等竖向排水体,使土层中孔隙水主要从水平向通过砂井排出,砂井缩短了排水距离,因而大大加速了地基的固结速率。

7.4.1.2　用排水固结原理加固地基的方法

1.堆载预压法

堆载预压法用填土、砂石或其他堆载材料进行加载,加载时必须控制加载速度,以防地基在预压过程中丧失稳定性。堆载预压法一般所需时间较长。

2.真空预压法

真空预压法是在需要加固的软黏土层内设置砂井,然后在地面铺设砂垫层,其上覆盖不透水的密封膜(见图 7-9),使之与大气隔绝,通过埋设于砂垫层中的吸水管道,用真空装置进行抽气,将膜内空气排出,因而在膜内产生一个负压,促使孔隙水从砂井排出,达到固结的目的。真空固结法适用于一般软黏土地基。

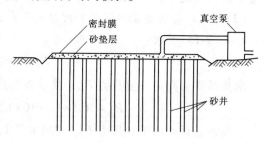

图 7-9　真空预压法

3.降低地下水位

地基土中地下水位下降,则土的有效自重应力增大,促使地基土体固结。该法最适宜于砂性土地基。

以上三种预压方法都需要排水,通常是在地基中置入排水体,以缩短土层排水距离。竖向排水体可就地用灌注砂井、袋装砂井、塑料排水板(见图 7-10)等,水平排水体一般由地基表面的砂垫层组成。

一般工程应用总是综合考虑预压和排水两种措施,最常用的方法是砂井预压固结法。

7.4.2　砂井堆载预压法设计计算

砂井堆载预压法的设计计算,其实质是合理安排排水系统与预压荷载之间的关系。使地基通过该排水系统在逐级加荷过程中排水固结,地基强度逐渐增长。

7.4.2.1　砂井布置

砂井布置包括砂井直径、间距和深度的选择,确定砂井的排列及砂垫层的材料和厚度等。通常,砂井直径一般为 300~500 mm,间距一般是砂井直径的 6~8 倍,一般间距取 2~

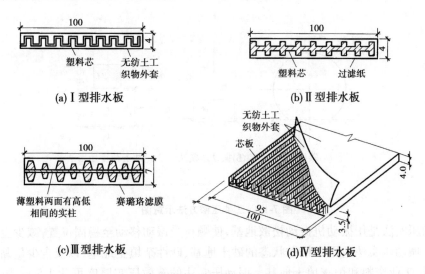

图 7-10 塑料排水板 （单位:mm）

4 m,砂井深度多为 10~20 m。砂井的平面常按等边三角形或矩形布置。在砂井顶面应铺设砂垫层或砂沟,引出从软土层排入砂井的渗流水,砂垫层的厚度宜大于 500 mm。

7.4.2.2 排水过程中地基强度增长值的推算

在预压荷载作用下,地基土在某一时刻 t 抗剪强度 τ 按下式计算:

$$\tau = \tau_{f0} + \Delta\sigma_z U_t \tan\varphi_{cu} \tag{7-18}$$

式中 τ_{f0}——地基中某点在加荷前的天然抗剪强度,kPa;

        $\Delta\sigma_z$——预压荷载引起的该点附加竖向压力,kN;

        φ_{cu}——由固结不排水剪切试验测定的内摩擦角,(°);

        U_t——该点土的固结度。

7.4.2.3 稳定性分析

由于地基土在预压荷载作用下可能失稳破坏,因此预压过程中,必须验算每级荷载下地基的稳定性。一般按圆弧滑动面进行分析计算。

应用排水固结法加固软土地基,其施工顺序为:①铺设水平排水垫层;②设置竖向排水体;③埋设观测设备;④实施预压;⑤现场观测,监测预压效果。

7.5 压实与夯实法

7.5.1 压实法

压实法指可采用碾压或振动压实的方法[见图 7-11(a)、(b)]。

碾压法是利用压路机、推土机或羊足碾等机械,在需压实的场地上,按计划与次序往复碾压,分层铺土,分层压实。碾压法适用于地下水位以上的大面积回填压实,也可用于含水量较低的素填土或杂填土地基处理。例如,修筑公路路基常用此法。碾压法的有效压实深度可达 40 cm,压实后地基承载力可达 100 kPa 左右。

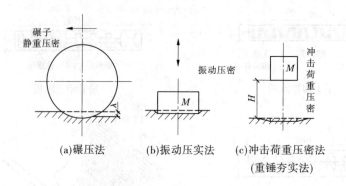

图 7-11 三种压密方法示意图

振动压实法是用振动机振动松散地基,使颗粒受振动移动至稳固位置,减少土的孔隙而压实。振动压实法适用于松散状态的砂土地基、砂性杂填土地基,以及含少量黏性土的建筑垃圾、工业废料和炉灰填土地基。振动压实法的有效压实厚度可达 1.5 m,压实后地基承载力可达 100~200 kPa。

压实法的分层厚度应结合压实机械、地基土性质及施工含水量等综合确定。

7.5.2 重锤夯实法与强夯法

7.5.2.1 重锤夯实法

重锤夯实法[见图 7-11(c)]加固地基土的方法和原理是:利用起重机械将夯锤提升到一定高度,然后利用自由下落产生很大的冲击能来挤密地基、减少孔隙、提高强度,经不断重复夯击,使整个建筑物地基得以加固,达到满足建筑物对地基土强度和变形的要求。

一般砂性土、黏性土经重锤夯击后,地基表面形成一层较密实的土层(硬壳),从而使地基表层土的强度得以提高。湿陷性黄土经夯击,可以减少表层土的湿陷性;对于杂填土则可以减少其不均匀性。

重锤夯实法的主要设备为起重机械、夯锤、钢丝绳和吊钩。

重锤夯实法一般适用于离地下水位 0.8 m 以上的稍湿黏性土、砂土、湿陷性黄土、杂填土和分层填土。对软黏土不宜采用重锤夯实法。

7.5.2.2 强夯法

强夯法也称动力固结法,是在重锤夯实法的基础上发展起来的夯实方法。该法是把重 80~400 kN 的重锤起吊到一定高度(一般为 8~30 m),令锤自由落下给地基以冲击力和振动,强力夯实地基以提高其强度,降低压缩性。该法在国内广泛应用。

强夯法可用于加固各种填土、湿陷性黄土、碎石、砂土、低饱和度的黏性土与粉土。

工程实践表明,经强夯法加固后的地基,其承载力可提高 200%~500%。此外,地基深层土也能得到加固且能消除不均匀沉降现象,还能改善砂土抵抗振动液化的能力。强夯法最适宜用在处理粗粒土地基及地下水在地表下 2~3 m、处理深度在 15 m 以内的地基。

强夯法的单位面积夯击能一般为 1 000~5 000 kN·m/m²。强夯法的有效加固深度应根据现场试夯或当地经验确定。在缺少试验资料或经验时,可按表 7-3 确定。

表 7-3 强夯法的有效加固深度

单击夯击能(kN·m)	碎石土、砂土(m)	粉土、黏性土、黄土(m)
1 000	5.0~6.0	4.0~5.0
2 000	6.0~7.0	5.0~6.0
3 000	7.0~8.0	6.0~7.0
4 000	8.0~9.0	7.0~8.0
5 000	9.0~9.5	8.0~8.5
6 000	9.5~10.0	8.5~9.0
8 000	10.0~10.5	9.0~9.5

注:有效加固深度应从起夯面算起。

对高饱和度的粉土与软塑—流塑的黏性土等软弱地基可采用在坑内回填块石、碎石等粗粒材料进行强夯置换,适用于对变形控制要求不严的工程。

7.6 桩土复合地基法

7.6.1 挤密桩法

7.6.1.1 砂石桩法

用砂桩或砂石桩加固软弱地基,是先将钢管打入或振入土中成孔,然后向桩管内灌砂,并按规定的速度拔出桩管,使砂料留在土中。边拔管,边通过锤击和振动使砂料挤入周围土中,形成直径较孔径(钢管直径)大得多且密实的砂桩。当钢管直径为 40~50 cm 时,砂桩直径可达 60~80 cm。

1.砂桩的作用原理

(1)在松散砂土中起到挤密和振密作用:砂桩成孔过程中,下沉桩管对周围砂层产生挤密作用;拔起桩管过程中的振动将对周围砂层产生振密作用,有效范围可达桩径的 6 倍左右。

(2)在软弱土层中起到置换作用和排水作用:密实的砂桩成桩后取代了同体积的软弱黏土,起到置换作用;而土层中的孔隙水可在上覆荷载作用下流向砂桩并排走,加快地基的固结沉降。因此,可大大提高地基承载力并加速软黏土的固结沉降,改善地基的整体稳定性。

2.砂桩设计

(1)砂桩材料:砂桩使用中粗混合砂,也可使用砂和角砾混合料。

(2)砂桩直径:一般为 30~80 cm。

(3)砂桩长度:当地基中的软弱土层厚度不大时,砂桩宜穿过该土层;其他情况下,砂桩应穿过最危险滑动面或可液化土层。

(4)砂桩平面布置:一般按等边三角形或正方形布置。

（5）砂桩间距：对于粉土和砂土地基,砂桩间距 $L \leqslant 4.5d$（d 为砂桩直径）；对于黏性土地基,砂桩间距 $L \leqslant 3d$。

7.6.1.2　振冲碎石桩法

以碎石、卵石等粗粒土为填料,在软弱地基中制成的桩体即为碎石桩。其成桩方式主要有振冲法、干振法、沉管法、强夯置换法等,其中工程中应用最广泛的是振冲碎石法。

振冲碎石桩适用于处理砂土、粉土、黏性土、素填土和杂填土等地基。

振冲碎石法成桩工艺如图 7-12 所示。振冲碎石桩法加固地基后,将形成桩土共同作用的复合地基,采用复合地基理论进行设计计算。加固处理的效果可由现场试验检测确定。

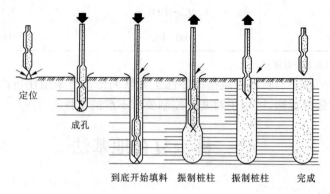

定位　成孔　到底开始填料　振制桩柱　振制桩柱　完成

图 7-12　振冲碎石桩成桩工艺

7.6.1.3　土桩、灰土桩法

土桩及灰土桩是利用沉管、冲击或爆扩的方式在地基中形成桩孔,然后向桩孔内填夯素土或灰土制成的,成柱后形成复合地基。

该方法适用于处理地下水位以上的湿陷性黄土、素填土和杂填土等地基,处理深度一般为 5~15 m。桩孔直径一般为 15~300 mm,孔间距为（2~2.5）d。

7.6.1.4　石灰桩

石灰桩是先利用沉管、人工挖掘等方式成孔至设计深度,然后向孔内投入备好的生石灰及水硬性掺和料,夯实后在地基中形成桩体,桩体与被加固的桩间土组成石灰桩复合地基。

石灰桩几乎可以用于处理各类地基,尤其是对于黏性土地基,生石灰与桩间土产生化学反应,加固效果更为明显。

7.6.2　伴入法

7.6.2.1　深层搅拌法

深层搅拌法是将深层搅拌机安放在设计的孔位上,而后钻进、喷射水泥浆、搅拌、下降、提升重复进行（见图 7-13）,在重复搅拌升降中使浆液与四周土均匀掺和,形成水泥土。水泥土较原位软弱土体的力学性质有显著的改善,强度有大幅度提高。

另外,可以用与深层水泥搅拌法类似的机具将石灰粉末与地基土进行搅拌,形成石灰土桩。石灰与土进行离子交换和凝硬作用而使加固土硬化。

　　无论是水泥土桩还是石灰土桩,都与四周原位土形成复合地基。因此,应采用复合地基理论进行分析。

　　深层搅拌法适用于处理软弱地基,适用的土类主要是淤泥、淤泥质土、粉土和含水量较高且地基承载力小于或等于 120 kPa 的软黏土。

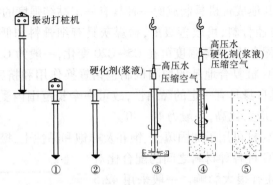

图 7-13　深层搅拌法施工工艺流程

7.6.2.2　高压喷射注浆桩法

　　高压喷射注浆桩是一种高压注浆法,它是用相当高的压力,将气、水和水泥液经沉入土中的特制喷射管送到旋喷头(单管头、二重管头或三管喷头),并从旋喷头侧面的喷嘴以很高的速度喷射出来(见图 7-14)。喷射出的浆液直接冲击破坏土体,使土颗粒与浆液搅拌混合,经过一定时间,便凝固成强度很高、渗透性较低的加固土体。加固土体的形状多为柱状的旋喷桩,施工顺序如图 7-14 所示。

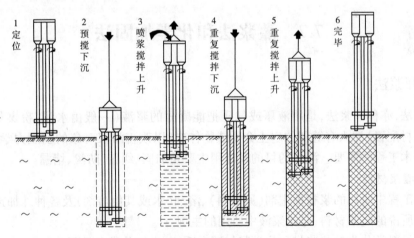

图 7-14　旋喷桩的施工顺序

　　(1)用振动打桩机或钻机成孔,孔径 150~200 mm;

　　(2)插入旋喷管;

　　(3)开动高压泵、泥浆泵和空压机,分别向旋喷管输送高压水、水泥浆和压缩空气,同时开始旋转和提升;

　　(4)连续工作直至预定的旋喷高度后停止;

（5）拔出旋喷管和套管，形成高压旋喷桩。

旋喷桩与周围桩土组成复合地基。

7.6.2.3 CFG桩（水泥粉煤灰碎石桩）法

CFG桩是水泥粉煤灰碎石桩的简称，是由碎石、石屑、粉煤灰掺适量水泥加水拌和，用振动沉管打桩机或其他成桩机具制成的一种具有一定黏结强度的桩。桩体的主体材料为碎石，石屑为中等粒径骨料，可改善级配，粉煤灰具有细骨料和低强度等级水泥作用。通过调整水泥掺量和配合比，桩体强度可在C5~C20变化，一般为C5~C10。

（1）加固机制：CFG桩复合地基的加固机制包括置换作用和挤密作用。CFG桩属复合地基刚性桩，由于其自身具有一定的黏结性，故可在全长范围内受力，能充分发挥桩周摩阻力和桩端力，桩土应力比高，一般为10~40。

（2）适用范围：CFG桩可用于加固填土、饱和及非饱和黏性土、松散的砂土、粉土等。

（3）桩身材料：CFG桩各种材料之间的配合比对混合料的强度、和易性有很大影响。一般采用42.5级普通硅酸盐水泥，碎石粒径20~50 mm，石屑粒径2.5~10 mm，混合料密度2.1~2.2 t/m³。

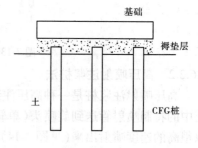

图7-15　CFG桩复合地基结构

为了使桩土共同工作、变形协调，基础下面要设置一定厚度的砂石料垫层（见图7-15），使地基土能够有效地分担外荷载。同时，通过垫层材料的流动补偿，使桩间土与基础始终保持接触。垫层厚度一般取100~300 mm。

7.7　灌浆法和化学加固法

7.7.1　灌浆法

灌浆法，亦称注浆法，是用液压或气压把能凝固的浆液（一般由水泥、粉煤灰或黏土等粒状浆材配置）注入有缝隙的岩土介质或物体中，以改善灌浆对象的物理力学性质，适应各类土木工程的需要。灌浆的目的及应用主要是加固、纠偏、防渗、堵漏。

7.7.1.1 灌浆材料

灌浆工程中所用的浆材由主剂（原材料）、溶剂（水或其他溶剂）及各种外加剂混合而成。通常所说的灌浆材料，是指浆液中所用的主剂。

灌浆材料常分为粒状浆材和化学浆材两个系统，详细分类参见图7-16。

7.7.1.2 灌浆理论

在地基处理中，灌浆工艺的实施可有不同途径，其灌浆机制可归纳为以下四类：

（1）渗入性灌浆：指在灌浆压力作用下，浆液在不扰动和破坏地层结构的条件下渗入岩土缝隙的灌浆。此种灌浆压力相对较低。

（2）劈裂灌浆：是利用水力劈裂原理，用较大的灌浆压力，使浆液克服地层初始应力和抗拉强度，沿小主应力作用的平面发生劈裂，人为地制造或扩大岩土缝隙，以提高低渗

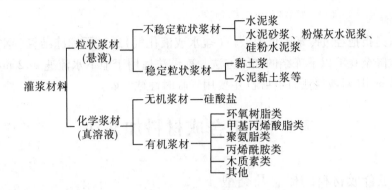

图 7-16 灌浆材料的分类

透性地基的可灌性和注浆量,从而获得更为满意的灌浆效果。劈裂灌浆法主要用于低渗透性的岩土地层。

(3)压密灌浆法:用高压泵将稠度大的水泥或水泥砂浆压入预先钻好的孔内,浓浆在高压下向周围扩散,对土体起到排挤和压密作用,形成球状或圆柱状浆泡。浆泡与土有明显的分界面(见图 7-17)。浆泡的横截面直径可达 1 m 或更大。实践表明,离浆泡界面 0.3~2.0 m 以内的土体都能受到明显的加密。压密灌浆法用于加固密度较低的软弱土有较好效果,特别适用于调整已经建成的建筑物的不均匀沉降。

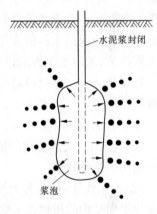

水泥浆封闭

浆泡

图 7-17 压密灌浆机制

(4)电动化学灌浆:在施工时将带孔的注浆管作为阳极,用滤水管作为阴极,将溶液由阳极压入土中,并通以直流电(两电极间电压梯度一般采用 0.3~1.0 V/cm),在电渗作用下,孔隙水由阳极流向阴极,促使通电区域中土的含水量降低,并形成渗浆通道,化学浆液也随之流入土的孔隙中,并在土中硬结。

7.7.2 化学加固法和热学法

7.7.2.1 化学加固法

化学加固法是利用化学浆液(由水玻璃、碱液等无机化学浆材或环氧树脂、木质素等有机化学浆材配制)注入土中凝固成为具有防渗、防水和高强度的结石体加固地基。该法主要适用于加固地下水位以上渗透系数为 0.1~2.0 m/d 的湿陷性黄土地基。化学加固法主要包括硅化法和碱液法两种,此处不再赘述。

7.7.2.2 热学法

1.热加固法

热加固法是把经过加热的高温气体,给以一定的压力,通过钻孔穿过土孔隙而加热土体的一种技术。黏性土在持续高温下黏土矿物发生再结晶,强度可达 5 MPa 以上。众所周知,黏土的砖瓦胚体经过高温熔烧后,就会变成具有一定强度的砖瓦。热加固法一般控制温度在 600~1 000 ℃,单孔的影响半径为 1 m 左右。

2.冻结法

冻结法是指把经过冷却的低温液体(盐水或液化气)通过预埋冻结管(钢管)使地基土的孔隙水降至 0 ℃以下冻结的加固方法。冻结法适用于地下水流速 $v<2$ m/d(对盐水法)和 $v<10$ m/d(对液氮法)的情况,主要用于临时性截水墙。

7.8　土工合成材料加筋法

7.8.1　土工合成材料的概念及类型

土工合成材料是指岩土工程中应用的合成材料产品,主要由人工合成纤维(也称土工聚合物,如塑料、化纤、合成橡胶等)制成。目前,世界各国用于生产土工纤维多以丙纶(聚丙烯)、涤纶(聚酯)为主要原料。它具有强度高、弹性好、耐磨、耐化学腐蚀、滤水、不腐烂、不缩水、不怕虫蚀等良好性能。土工合成材料置于土体的内部、表面或各层土之间,可起到加强或保护土体的作用,且其造价低廉、施工简便、整体性好,能明显改善和增强岩土工程性质,给岩土工程的设计和施工带来了巨大的变化。

近年来,土工合成材料在国内外应用发展很快,已广泛应用于土木、水利、铁路、公路、市政等领域。

土工合成材料种类繁多,大体可分为以下几类:

(1)土工膜:按其使用的原料可分为沥青和聚合物两大类。土土膜的透水性极小,可广泛地用作防渗材料。

(2)土工织物:可分为无纺和有纺两种。主要是指用长丝、纤维、纱或条带的聚合物制成的平面结构的织物。一般用于排水、反滤、加筋和土体隔离。

(3)土工格栅:可分为拉伸土工格栅和编织格栅两大类(见图 7-18)。土工格栅主要用于土体加筋。

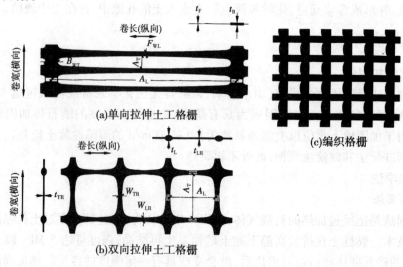

图 7-18　土工格栅示意图

（4）土工复合材料：几种不同合成材料的组合，称为土工复合材料。土工复合材料可以达到更为理想的效果。例如，单层膜加土工织物形成复合土工膜；土工织物加塑料瓦棱状板形成的塑料排水带；土工织物加土工格栅组成用于黏性土的加筋材料等。

（5）其他土工合成材料：针对不同的条件和用途，新型的、特殊的土工合成材料产品不断涌现，如土工格室、土工泡沫塑料、土工织物膨胀土垫、土工模袋、土工网垫、土工条带、土工纤维等。

7.8.2　土工合成材料的作用及应用

土工合成材料在岩土工程中的作用及功能如下。

7.8.2.1　滤层作用

在渗流口铺设一定规格的土工织物，土中水可通畅地通过土工织物，而织物的纤维又能阻止土颗粒通过，防治土因细颗粒过量流失而发生渗透破坏。

7.8.2.2　排水作用

地基处理中，往往需要排除地基土、基岩和工程结构本身的渗流和地下水，故须采取排水措施。一定厚度的土工合成材料具有良好的三维透水特性，在土中可形成排水通道，将土中水汇集起来，在水位差作用下将土中水排出。例如，前述的预压固结处理法中的塑料排水板即为一例。

7.8.2.3　隔离作用

对两层具有不同性质的土或材料，可采用土工合成材料进行隔离，避免混杂产生不良效果。例如，道路工程中用土工合成材料防止软弱土层侵入路基的碎石层，避免引起翻浆冒泥。

7.8.2.4　加固和补强作用（加筋作用）

在土体产生拉应变的方向布置土工合成织物，当它们伸长时，可通过与土体间的摩擦力向土体提供约束压力，从而提高土的模量和抗剪强度，减少土体变形，增强了土体的稳定性，并起到加固和补强作用。

7.8.2.5　防渗作用

用几乎不透水的土工膜可达到理想的防渗效果，可用于渠、池、库，以及土石坝、闸和地基的防渗。近年来，土工膜也广泛应用于垃圾填埋场，防止渗滤液对地下水的污染。

7.8.2.6　防护作用

土工合成材料的防护作用常常是以上几种功能的综合效果，如隔离和覆盖有毒有害的物质，防止水面蒸发、路面开裂、土体冻害、水土流失，防护土坡避免冲蚀等。

7.9　托换技术与纠偏技术

托换技术又称基础托换，其内容主要包括两个方面：①既有建筑物的地基处理、基础加固或增层改建问题；②建筑物基础下需要修建地下工程及在邻近建造新建筑，使既有建筑物的安全受到影响时，需采取地基处理或基础加固措施。由此可见，托换的基本原理和根本目的在于加强地基与基础的承载力，有效传递建筑物荷载，从而控制沉降和差异沉降,使建(构)筑物安全使用或恢复安全使用。

托换技术、纠偏技术和迁移技术是既有建筑物地基基础应用的三大加固技术。这里仅对托换技术和纠偏技术做简要介绍。

7.9.1 基础托换

基础托换主要有基础加宽、加深技术,桩式托换技术及地基改良技术(如灌浆法)等。

7.9.1.1 基础加宽、加深技术

通过基础加宽,扩大基础底面面积,有效降低基底接触压力。

基础加宽应注意加宽部分的连接。通常通过钢筋锚杆(植筋)将加宽部分与原有基础部分连接,并使两部分混凝土能较好地连成一体。

基础加深采用坑式托换,也称墩式托换,是直接在被托换建筑物下挖坑后浇筑混凝土的托换加固方法,如图 7-19 所示。坑式托换的适用条件是:土层易于开挖,地下水位较低,建筑物基础最好是条形,便于在纵向对基础进行调整,起到梁的作用。

7.9.1.2 桩式托换技术

桩式托换包括各种采取桩基的形式进行托换的方法。常用的托换方法主要有以下几种。

1.压入桩

压入桩主要有顶承式静压桩和锚杆式静压桩,这里仅对前者做简要介绍。

顶承式静压桩是利用建筑物结构自重做支撑反力,采用普通千斤顶将桩分节压入土中[见图 7-20(a)],接桩用电焊,从压力传感器上可观察到桩贯入到设计土层时的阻力,当桩所承受的荷载超过设计承载力的 150%时,停止加载并撤出千斤顶,在基础下支模浇筑混凝土,使桩和基础浇筑成整体,如图 7-20(b)所示。

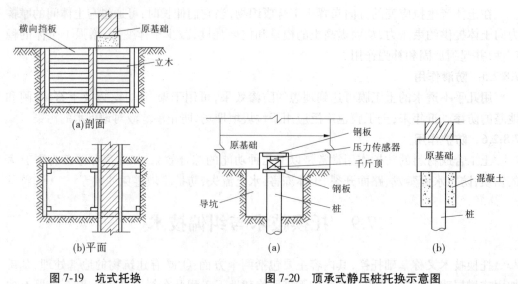

图 7-19　坑式托换　　　　　图 7-20　顶承式静压桩托换示意图

2.树根桩

树根桩实际上是一种小直径的就地灌注钢筋混凝土桩,其直径一般为 75～250 mm,

穿越原有建筑物进入地基土中。用树根桩进行托换时,可认为施工时树根桩不起作用。但只要建筑物一产生极小沉降,树根桩就反应迅速,承受建筑物的部分荷载,同时使基底下土反力相应地减小。若建筑物继续下沉,则树根桩将继续分担荷载,直至全部荷载由树根桩承受。

树根桩托换可应用于加固已有建筑物,包括房屋、桥梁墩台等的地基;也可用于修建地下铁道时的托换和加固土坡、整治滑坡等。

3.灌注桩托换

用于托换的灌注桩,按其成孔方法可分为钻孔灌注桩和人工挖孔灌注桩两种。根据桩材又可分为混凝土桩、钢筋混凝土桩、灰土桩等。

图 7-21(a)为一厂房基础用灌注桩托换的实例,承台支撑被托换的上部结构并将荷载传至灌注桩;图 7-21(b)为一灰土桩托换墙下基础,托梁支撑上部结构并将荷载传至灰土桩。

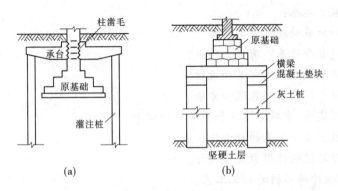

图 7-21　灌注桩托换

7.9.2　建筑物纠偏

在建筑工程中,某些建(构)筑物经常不可避免地建在承载力低、土层厚度变化大的软弱地基上,或因局部浸水湿陷,或因建筑物荷载偏心等因素,往往造成建(构)筑物基础过大的沉降或不均匀沉降,并常常造成建筑物倾斜。通常的处理方法有加深加大基础、加固地基、凿开基础矫正柱子、基础加压、基础减压及增大结构刚度等。以下简要介绍顶桩掏土法和排土纠偏法。

7.9.2.1　顶桩掏土法

顶桩掏土法是将锚杆静压法和水平向掏土技术相结合。其工作原理是先在建筑物基础沉降多的一侧压桩,并立即将桩与基础锚固在一起,迅速制止建筑物的下沉;然后在沉降少的一侧基底下掏土,以减小基底受力面积,增大基底压力,从而增大该处土中应力,使建筑物缓慢而又均匀地下沉,产生回倾,最后达到纠偏矫正的目的。

7.9.2.2　排土纠偏法

排土纠偏法的形式有多种,常采用以下两种方法。

1.抽砂纠偏法

为了纠正建筑物在使用期间可能出现的不均匀沉降,在建筑物基底预先做一层 0.7~

1.0 m 厚的砂垫层,在预估沉降量较小的部位,每隔一定距离(约 1m)预留砂孔一个。当建筑物出现不均匀沉降时,可在沉降量较小的部位,用铁管在预留孔中取出一定数量的砂体,从而强迫建筑物下沉,以达到沉降均匀的目的。

2.钻孔取土纠偏法

当软黏土地基上的建筑物发生倾斜时,用钻孔取土纠偏法纠正能收到良好的效果。其方法原理是利用软土中应力变化后将产生侧向挤出这一特性来调整变形和纠正倾斜。

当基础一侧出现较大沉降而倾斜时,在沉降小的一侧基础周围钻孔,然后在孔中掏土,使此侧软弱地基土有可能产生侧向挤出而加大下沉,以达到纠偏的目的。

思考题与习题

7-1　试述地基处理的概念及处理目的。

7-2　何谓软土地基?

7-3　常用的地基处理方法有哪些?

7-4　什么是复合地基?有什么特点?

7-5　试述换填垫层法的含义和设计。

7-6　试述排水固结法的原理和方法。

7-7　试述压实法、重锤夯实法和强夯法的概念。

7-8　试述桩土复合地基的概念及特点。

7-9　简述砂石桩的作用原理及设计。

7-10　试述振冲碎石桩的施工工艺。

7-11　试说明深层搅拌桩的施工工艺。

7-12　试说明 CFG 桩的概念、加固机制、适用范围。

7-13　灌浆法的灌浆材料有哪些?

7-14　试述土工合成材料的种类和作用。

7-15　简要说明托换技术和方法。

7-16　松散砂土地基加固前的承载力 $f_a = 110$ kPa,采用振冲桩加固,振冲桩直径为 500 mm,桩距为 1.3 m,正方形排列,经振冲后,由于振密作用,原土的承载力提高了 25%,若桩土应力比为 3,求复合地基的承载力。

7-17　某基础底面长度为 2.0 m,宽度为 1.6 m,基础埋深 $d = 1.2$ m,作用于基底的轴心荷载为 1 500 kN(含基础自重),因地基为淤泥质土,采用粗砂进行换填,粗砂的重度为 20 kN/m³。砂垫层厚度取 1.4 m,基底以上为填土,其重度为 18 kN/m³,淤泥质土的承载力特征值 $f_{ak} = 50$ kPa,$\eta_d = 1.0$。试问:①垫层厚度是否满足要求?②垫层底面的长度及宽度应是多少?

7-18　如图 7-22 所示,某建筑物内墙为承重墙,厚 370 mm,设计地面处,每延米基础长度上的竖向荷载 $F_k = 264$ kN/m,地表层为杂填土,厚度 1.2 m,重度 $\gamma = 17.5$ kN/m³,其下为较深的淤泥质黏土,$\gamma = 18.2$ kN/m³,抗剪强度指标 $\varphi_k = 10°$,$c_k = 12$ kPa,地下水埋深 3.7 m,拟用中砂作为垫层,换填一定厚度的淤泥质土,并在砂垫层上砌筑条形混凝土无筋扩展基础,基础宽 1.6 m,埋深 1.2 m。设砂垫层的重度 $\gamma = 19.5$ kN/m³,现场实测的承载力特征值 $f_{ak} = 189$ kPa。试设计此砂垫层。(参考答案:设计砂垫层厚度为 2 m,宽度为 4.5 m)

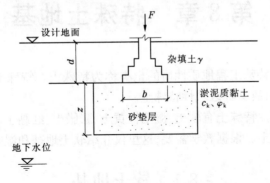

图 7-22 思考题与习题 7-18 图

7-19 某松散砂土地基的承载力标准值为 90 kPa,拟采用旋喷桩法加固。现分别用单管法、双管法和三重管法进行试验,管径分别为 1 m、1.5 m 和 2 m,单桩轴向承载力标准值分别为 200 kN、350 kN 和 620 kN,三种方法均按正方形布桩,间距为桩径的 3 倍。试分别求出加固后复合地基承载力标准值的大小。

第 8 章　特殊土地基

通常把这些具有特殊工程地质性质的土类称为特殊土。特殊土有一定的分布规律，表现出一定的区域性，故又称区域性特殊土。

我国主要的区域性特殊土有软土、湿陷性黄土、膨胀土、红黏土、盐碱土、污染土、风化土与残积土和多年冻土。根据教学需要，这里仅介绍软土地基和湿陷性黄土地基。

8.1　软土地基

8.1.1　软土及其工程特性

软土是指天然孔隙比 $e \geqslant 1.0$，含水量 ω 大于或等于液限，并且具有灵敏结构性的细粒土，包括淤泥、淤泥质土，泥炭、泥炭质土等。

软土多为静水环境沉积，并经生物化学作用形成，其成因类型主要为滨海环境沉积、海陆过渡环境沉积、河湖环境沉积、湖泊环境沉积和沼泽环境沉积。

软土的主要特征是含水量高（$\omega = 35\% \sim 80\%$）、孔隙比大（$e \geqslant 1.0$）、压缩性高、强度低、渗透性差，简称"三高两低"。一般具有以下工程特性：

（1）触变性：海相软土一旦受到扰动（振动、搅拌、挤压或揉搓等），原有结构破坏，土的强度明显降低或很快变成稀释状态。触变性的大小一般用灵敏度（S_t）表示，软土的 $S_t = 3 \sim 4$。因此，软土地基在振动荷载下，易产生侧向滑动、沉降及基底向两侧挤出等现象。

（2）流变性：在剪应力作用下，土体会发生缓慢而长期的变形，对地基沉降有较大影响。

（3）高压缩性：软土的压缩系数较大，一般 $a_{1-2} = 0.5 \sim 1.5$ MPa^{-1}，故软土的沉降较大。

（4）低强度：软土的天然不排水抗剪强度一般小于 20 kPa，软土地基承载力常为 $50 \sim 80$ kPa。

（5）低透水性：软土的渗透系数 $K = i \times 10^{-6} \sim i \times 10^{-8}$ cm/s，在自重荷载下固结速率很慢。

（6）不均匀性：黏性土层中常局部夹有厚薄不同的粉土，并在水平和垂直分布上有所差异，从而使建筑物地基易产生差异沉降。

水文地质条件对软土地基影响较大，抽降地下水形成降落漏斗会导致建筑物产生沉降或不均匀沉降。

8.1.2　软土地基的工程措施

在软土地基上修建各种建筑物时，要特别重视地基的变形和稳定问题，其主要工程措施如下：

（1）充分利用表层密实的黏性土（一般厚 $1 \sim 2$ m）作为持力层，基底尽可能浅埋（埋深 $d = 500 \sim 800$ mm），但应验算下卧层的强度。

（2）尽可能设法减小基底附加应力,如采用轻型结构、轻质墙体、扩大基础底面,设置地下室等。

（3）采用换土垫层或桩基础。

（4）采用砂井预压,加速土层排水。

（5）采用高压喷射、深层搅拌、粉体喷射等处理方法。

（6）避免荷载过分集中。

8.2　湿陷性黄土地基

8.2.1　黄土的特征、湿陷性及其机制

8.2.1.1　黄土的特征及其湿陷性

黄土是一种产生于第四纪地质历史时期干旱条件下的沉积物,其外观颜色主要呈黄色或褐黄色,颗粒组成以粉粒（0.005 ~ 0.075 mm）为主,同时含有砂粒和黏粒。一般认为不具层理的风成黄土为原生黄土,原生黄土经流水冲刷、搬运和重新沉积形成的黄土称次生黄土,常具层理和砾石夹层。

具有天然含水量的黄土,一般强度较高,压缩性较小。某些黄土在一定压力下受水浸湿,土结构迅速破坏,产生显著附加下沉,强度也迅速降低,称为湿陷性黄土,主要属于晚更新世（Q_3）马兰黄土及全新世（Q_4）黄土状土。该类黄土形成年代较晚,土质均匀或较为均匀,结构疏松,大孔隙发育,有较强烈的湿陷性。在一定压力下受水浸湿,土结构不破坏,无显著附加下沉的黄土称为非湿陷性黄土（见表 8-1）。

表 8-1　黄土地层的划分

时代		地层的划分	说明
全新世（Q_4）黄土	新黄土	黄土状土	一般具湿陷性
晚更新世（Q_3）黄土		马兰黄土	
中更新世（Q_2）黄土	老黄土	离石黄土	上部部分土层具湿陷性
早更新世（Q_1）黄土		午城黄土	不具湿陷性

注:全新世（Q_4）黄土包括湿陷性（Q_4^1）黄土和新近堆积（Q_4^2）黄土。

湿陷性黄土又可分为非自重湿陷性黄土和自重湿陷性黄土两种。在土自重应力作用下受水浸湿后不发生湿陷者称为非自重湿陷性黄土,而在土自重应力作用下受水浸湿后发生湿陷者称为自重湿陷性黄土。

我国黄土分布广泛,面积约 $6.4×10^5$ km^2,其中湿陷性黄土约占 3/4,以黄河中游地区最为发育,多分布于甘肃、陕西、山西地区,青海、宁夏、河南地区也有部分分布,其他地区也有零星分布。

8.2.1.2　黄土的湿陷原因及影响因素

关于黄土湿陷的原因有很多假说和观点。一般认为,黄土湿陷的根本原因是其特殊的粒状架空结构体系。该结构体系由集粒和碎屑组成的骨架颗粒相互连接形成（见

图 8-1),含有大量架空孔隙。颗粒间的连接强度是在干旱、半干旱条件下形成的,来源于上覆土重的压密,该结构体系在水和外荷载作用下,必然导致连接强度降低、连接点破坏,致使整个结构体系失去稳定,产生湿陷性(见图 8-2)。

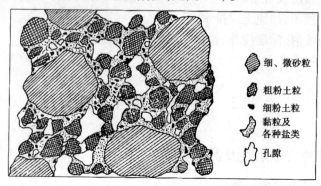

图 8-1　黄土结构示意图

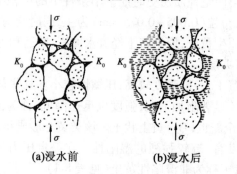

(a)浸水前　　　　　(b)浸水后

图 8-2　浸水前后黄土结构示意图

　　影响黄土湿陷性的因素很多,主要有以下几方面:

　　(1)黄土的物质成分:黄土中胶结物的多寡和成分,以及颗粒的组成和分布,对黄土的结构特点和湿陷性强弱有着重要影响。黏粒含量多,胶结物含量大,则结构致密,湿陷性降低。

　　(2)黄土的物理性质:黄土的湿陷性与其孔隙比和含水量等土的物理性质有关。天然孔隙比大或天然含水量越小,则湿陷性越强。

　　(3)外加压力:外加压力增大,湿陷量也显著增加。

8.2.2　湿陷性黄土地基的勘查评价

　　正确评价黄土地基的湿陷性具有很重要的工程意义,其主要包括三方面内容:①查明一定压力下黄土浸水后是否具有湿陷性;②判别场地的湿陷类型,是自重湿陷性还是非自重湿陷性;③判定湿陷性黄土地基的湿陷等级(强弱程度)。

8.2.2.1　湿陷性系数

　　黄土的湿陷量与所承受的压力大小有关。在规定的压力(10 m 以内采用 200 kPa;10 m 以下至非湿陷层顶面采用上覆土的饱和自重压力,≤300 kPa)下,单位厚度的土样所产生的湿陷变形,称为湿陷性系数(δ_s),以小数表示。在压缩仪中将土样高度为 h_0 的原状土样逐级加压到规定的压力 P，在压缩稳定后测得试样高度 h_p，然后加水浸湿，测得加水稳定后高度 h_p'（见图 8-3），则土的湿陷性系数 δ_s 为

$$\delta_s = \frac{h_p - h_p'}{h_0} \tag{8-1}$$

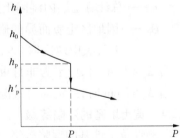

δ_s 主要用于判别黄土的湿陷性，当 $\delta_s < 0.015$ 时，应定为非湿陷性黄土；当 $\delta_s \geq 0.015$ 时为湿陷性黄土。

图 8-3　在压力 P 下黄土浸水压缩曲线

8.2.2.2　湿陷起始压力

黄土产生湿陷的界限压力值称为湿陷起始压力（P_{sh}），常用单位为 kPa。若黄土所受压力低于该数值，则即使浸了水也只产生压缩变形而无湿陷现象。湿陷起始压力 P_{sh} 是一个很有使用价值的指标，若基底或垫层底面总压力小于或等于 P_{sh}，则可避免湿陷发生。

湿陷起始压力可根据室内压缩试验或野外载荷试验确定，其分析方法可采用双线法或单线法。

1.双线法

在同一取土点的同一深度处，以环刀切取 2 个试样。一个在天然湿度下分级加载，另一个在天然湿度下加第一级荷重，下沉稳定后浸水，至湿陷稳定后再分级加载。分别测定两个试样在各级压力下，下沉稳定后的试样高度 h_p 和浸水下沉后的试样高度 h_p'，绘制不浸水试样的 $P—h_p$ 曲线和浸水试样的 $P—h_p'$ 曲线，如图 8-4 所示。然后按式（8-1）计算各级荷载下的湿陷系数 δ_s，并绘制 $P—\delta_s$ 曲线。在 $P—\delta_s$ 曲线上取 $\delta_s = 0.015$ 所对应的压力作为湿陷起始压力 P_{sh}。

2.单线法

在同一取土点的同一深度处，至少以环刀切取 5 个试样。各试样均在天然湿度下分

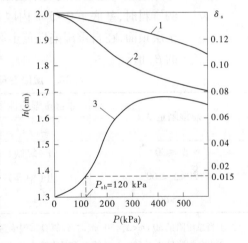

1—不浸水试样 $P—h_p$ 曲线；2—浸水试样 $P—h_p'$ 曲线；3—$P—\delta_s$ 曲线

图 8-4　双线法压缩试验曲线

别加荷至不同的规定压力。下沉稳定后测定土样高度 h_p，再浸水至湿陷稳定，测试样高度 h_p'，绘制 $P—\delta_s$ 曲线，P_{sh} 的确定方法与双线法相同。

8.2.2.3　场地湿陷类型的划分

建筑物场地的湿陷类型，应按实测自重湿陷量或计算自重湿陷量 Δ_{zs} 判定。计算自重湿陷量可按下式计算：

$$\Delta_{zs} = \beta_0 \sum_{i=1}^{n} \delta_{zsi} h_i \tag{8-2}$$

式中　δ_{zsi}——第 i 层土在上覆土的饱和（$S_r > 0.85$）自重应力作用下的湿陷系数，按式（8-1）计算确定；

h_i——第 i 层土的厚度,cm;

n——总计算土层内湿陷土层的数目,$\delta_s < 0.015$ 的土层不计;

β_0——因地区土质而异的修正系数,例如,陇西地区可取 1.5,陇东—陕北—晋西取 1.2,关中地区取 0.9,其他地区取 0.5。

当 $\Delta_{zs} < 7$ cm 时,应定为非自重湿陷性黄土场地;

当 $\Delta_{zs} > 7$ cm 时,应定为自重湿陷性黄土场地。

8.2.2.4　黄土地基的湿陷等级

湿陷性黄土地基的湿陷等级,应根据基底下各土层累积的总湿陷量 Δ_s 和计算湿陷量的大小等因素按表 8-2 判定。总湿陷量可按下式计算:

$$\Delta_s = \sum_{i=1}^{n} \beta \delta_{si} h_i \tag{8-3}$$

式中　δ_{si}——第 i 层土的湿陷系数;

h_i——第 i 层土的厚度,cm;

β——考虑基底下地基土的受水浸湿可能性和侧面挤出等因素的修正系数,缺乏实测资料时,基底下 0~5 m 内取 1.5,5~10 m 内取 1.0,10 m 以下至非湿陷性黄土层顶面,在自重湿陷性黄土场地,可取工程所在地区的 β_0 值,即式(8-2)中的 β_0 值。

表 8-2　湿陷性黄土地基的湿陷等级　　　　　　　　　　（单位:cm）

总湿陷量 Δ_s	非自重湿陷性场地	自重湿陷性场地	
	$\Delta_{zs} \leq 7$	$7 < \Delta_{zs} \leq 35$	$\Delta_{zs} > 35$
$\Delta_s \leq 30$	I（轻微）	II（中等）	—
$30 < \Delta_s \leq 60$	II（中等）	II 或 III	III（严重）
$\Delta_s > 60$	—	III（严重）	IV（很严重）

注:①当总湿陷量 30 cm $< \Delta_s < 50$ cm 时,计算自重湿陷量 7 cm $< \Delta_{zs} < 30$ cm 时,可判为 II 级。

②当总湿陷量 $\Delta_s \geq 50$ cm,计算自重湿陷量 $\Delta_{zs} \geq 30$ cm 时,可判为 III 级。

Δ_s 是湿陷性黄土地基在规定压力下充分浸水后可能发生的湿陷变形值。设计时应根据黄土地基的湿陷等级考虑相应的设计措施。相同情况下湿陷等级越高,设计措施要求也越高。

【例 8-1】　陕北地区某建筑场地,工程地质勘察中探坑每隔 1 m 取土样,测得各土样 δ_{zsi} 和 δ_{si},如表 8-3 所示。试确定场地的湿陷类型和地基的湿陷等级。

表 8-3　土样 δ_{zsi} 和 δ_{si} 值

取土深度（m）	1	2	3	4	5	6	7	8	9	10
δ_{zsi}	0.002	0.014	0.020	0.013	0.026	0.056	0.045	0.014	0.001	0.020
δ_{si}	0.070	0.060	0.073	0.025	0.088	0.084	0.071	0.037	0.002	0.039
说明	δ_{zsi} 或 $\delta_{si} < 0.015$,属非湿陷性土层									

解:(1)场地湿陷类型判别。

首先计算自重湿陷量 Δ_{zs},自天然地面算起至其下全部湿陷性黄土层面,陕北地区可取 $\beta_0 = 1.2$,由式(8-2)可得:

$$\Delta_{zs} = \beta_0 \sum_{i=1}^{n} \delta_{zsi} h_i = 1.2 \times (0.020 + 0.026 + 0.056 + 0.045 + 0.020) \times 100$$
$$= 20.04(\mathrm{cm}) > 7\ \mathrm{cm}$$

因此,该场地应判定为自重湿陷性黄土场地。

(2)黄土地基湿陷等级判别。

由式(8-3)计算黄土地基的总湿陷量 Δ_s,且取 $\beta = \beta_0$,则

$$\Delta_s = \sum_{i=1}^{n} \beta \delta_{si} h_i$$
$$= 1.2 \times (0.070 + 0.060 + 0.073 + 0.025 + 0.088 + 0.084 + 0.071 + 0.037 + 0.039) \times 100$$
$$= 65.64(\mathrm{cm}) > 60\ \mathrm{cm}$$

根据表 8-2,该湿陷性黄土地基的湿陷性等级可判定为Ⅲ级(严重)。

8.2.3　湿陷性黄土地基的工程措施

湿陷性黄土地基的设计和施工,应满足承载力、湿陷变形、压缩变形及稳定性要求,并针对黄土地基湿陷性特点和工程要求,因地制宜,采取切实有效的措施防止地基湿陷,确保建筑物安全和正常使用。主要措施简述如下。

8.2.3.1　地基处理

地基处理主要是破坏湿陷性黄土的大孔隙结构,以便消除或削弱地基的湿陷性,常用的处理方法如表 8-4 所示。

表 8-4　湿陷性黄土地基常用的处理方法

名称		适用范围	一般可处理(或穿透)基底下的湿陷性土层厚度(m)
垫层法		地下水位以上,局部或整片处理	1~3
夯实法	强夯	$S_r < 60\%$ 的湿陷性黄土,局部或整片处理	3~6
	重夯		1~2
挤密法		地下水位以上,局部或整片处理	5~15
桩基础		基础荷载大,有可靠的持力层	≤30
预浸水法		Ⅲ、Ⅳ级自重湿陷性黄土场地,6 m 以上尚应采用垫层等方法处理	可消除地面下 6 m 以下全部土层的湿陷性
单液硅化或碱液加固法		一般用于加固地下水位以上的已有建筑物地基	≤10 m,单液硅化加固的最大深度可达 20 m

注:在雨季、冬季选择垫层法、夯实法和挤密法处理地基时,施工期间应采取防雨、防冻措施,并应防止地面水流入已处理和未处理的基坑或基槽内。

8.2.3.2　防水措施

防水措施的目的是消除黄土发生湿陷变形的外因。要求做好建筑物在施工及长期使用期间的防水、排水工作,防止地基土受水浸湿。防水措施主要是做好场地平整和防水系统,防止地面积水;压实建筑物四周地表土层,做好散水;防止雨水直接渗入地基等。

8.2.3.3　结构措施

结构措施主要是选取适宜的结构体系和基础形式,加强上部结构整体刚度,预留沉降净空等。

8.2.3.4　施工措施及使用维护

湿陷性黄土地基的建筑物施工,应根据地基土的特性和设计要求合理安排施工程序,防止施工用水和场地雨水流入建筑物地基引起湿陷。在使用期间,对建筑物和管道应经常进行维护和检修,确保防水措施的有效发挥,防止地基浸水湿陷。

思考题与习题

8-1　试述软土的概念和特征。

8-2　简述软土的工程性质。

8-3　试述湿陷性黄土的概念和分类。

8-4　简述黄土的湿陷机制。

8-5　试述湿陷系数的概念和意义。

8-6　什么是湿陷起始压力?如何确定?

8-7　如何确定黄土自重湿陷量?

8-8　如何确定黄土地基的湿陷等级?

8-9　某黄土试样原始高度为 20 mm,加压至 200 Pa,下沉稳定后的土样高度为 19.4 mm,然后浸水,下沉稳定后的高度为 19.25 mm。试判断该土是否为湿陷性黄土。

8-10　某黄土地区一电厂灰坝工地,施工前钻孔取土样,测得各土样的湿陷系数(δ_{si})和上覆土的饱和自重应力作用下的湿陷系数(δ_{zsi}),如表 8-5 所示,试确定该场地的湿陷类型和地基的湿陷等级。

表 8-5　土样 δ_{si} 和 δ_{zsi} 实测值

取土深度(m)	1	2	3	4	5	6	7	8	9	10
δ_{si}	0.017	0.022	0.022	0.022	0.026	0.039	0.043	0.029	0.014	0.012
δ_{zsi}	0.086	0.074	0.077	0.078	0.087	0.094	0.076	0.049	0.012	0.002
说明	δ_{zsi} 或 $\delta_{si}<0.015$,属非湿陷土层									

第9章 抗震地基基础

9.1 概 述

9.1.1 地震的概念

地震是地壳在内部或外部地质营力作用下在一定范围内产生快速振动的地质现象。地球上的地震绝大多数是由地壳自身运动造成的,此类地震称为构造地震,占地球上地震的95%。一般来说,构造地震容易发生在活动性强的断裂带两端或转折部位。此外,还有火山爆发引起的火山地震,采空区塌陷引起的陷落地震,以及人工破坏等引起的诱发地震。

地震要素(见图9-1)主要有:

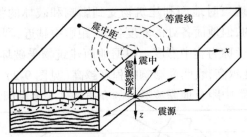

图9-1 地震要素

震源:地震的发源地称为震源。

震中:震源在地表面的垂直投影称为震中,震中附近的地区称为震中区。

震中距:震中与某观测点的距离称为震中距。

震源深度:震中到震源的垂直距离称为震源深度。震源深度小于 70 km,称为浅源地震;震源深度为 70~300 km,称为中源地震;震源深度大于 300 km,称为深源地震。地球上 75%以上的地震是浅源地震,如四川汶川 2008 年 5 月 12 日 8.0 级大地震震源深度为 14 km。

地震波:地震所引起的振动,以弹性波形式从震源向各个方向传播,这就是地震波。

地震资料表明,地球上的地震分布极不均匀,主要分布在地震带上。全球地震主要分布于板块构造的结合地带,如环太平洋地震带、欧亚地震带等。

9.1.2 震级与地震烈度

9.1.2.1 震级

震级是对地震释放能量大小的度量。震源释放的能量越大,震级也就越高。震级是根据地震仪记录的地震波的最大振幅来确定的。震级的原始定义最初是由美国地震学家里希特 1935 年提出的,故称为里氏震级(简称震级),里希特对地震的原始定义是:一次地震的震级是用标准地震仪(周期 0.8 s、阻尼比 0.8、放大倍数 2 800 倍的伍德 安德森式标准扭力地震仪)在距震中 100 km 处的地面所记录的最大振幅(以 μm 计)的对数值:

$$M = \lg A \tag{9-1}$$

式中　M——震级;

　　　A——距震中 100 km 处标准地震仪记录的最大振幅,μm。

例如,如果距震中 100 km 的标准地震仪记录到的最大振幅为 10 cm(10^5 μm),则 $M = \lg 10^5 = 5$,震级为 5 级。

震级每增加一级,能量约增加 30 倍。一般来说,震级 $M<3$ 级,人们感觉不到,称为微震(或弱震);震级 $M=3\sim5$ 级,人们可以感觉到,称为有感地震;震级 $M=5\sim6$ 级,可引起不同程度的破坏,称为破坏性地震;震级 $M=6\sim7$ 级,可引起地面和建筑物强烈破坏,称为强烈地震;震级 $M>7$ 级,称为大地震;震级 $M\geqslant8$ 级,称为特大地震。目前,地球上已发生的地震最大震级是 2004 年 12 月 26 日印度尼西亚苏门答腊岛附近印度洋海域海底发生的里氏 9.1 级特大地震,死亡 25 万余人。

9.1.2.2　地震烈度

地震烈度是指发生地震时地面和建筑物受到影响和破坏的强弱程度。在一次地震中,地震的震级是确定的,但地面各处的烈度各异,距震中越近,烈度越高,距震中越远,烈度越低。震中附近的烈度称为震中烈度。根据地面建筑物受破坏和受影响的程度,地震烈度划分为 12 度。烈度越高,表明受影响的程度越高(见图 9-2)。地震烈度不仅与震级有关,同时与震源深度、震中距及地震波通过的介质条件等多种因素有关。

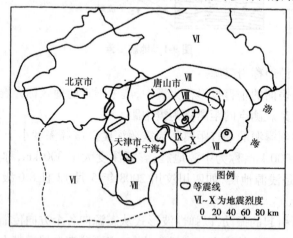

图 9-2　1976 年唐山地震烈度分布图

震级和烈度虽然都是衡量地震强烈程度的指标,但烈度直接反映了地面建筑物受破坏的程度,因而与工程设计有更密切的关系。工程中涉及的地震烈度主要有以下两种。

1.基本烈度(又称区域烈度)

地震基本烈度是指某一地区在今后的一定期限内(在我国一般按 100 年考虑),可能遭受的最大地震烈度。地震基本烈度所指的地区是一个较大的区域范围,因此又称为区域烈度。基本烈度是由地震部门根据历史地震资料及地区地震地质条件等的综合分析给定的,它实质上是中长期地震预报在防震、抗震上的具体估量,是对一个地区地震危险性做出的概略估计,以作为工程防震抗震的依据。

2.设防烈度

抗震设防烈度是指以地区基本烈度为基础,根据建筑物的重要性和经济性,按照抗震设计规范和地质条件,对基本烈度做适当调整后实际所依据的烈度。

一般建筑物可采用基本烈度作为设计烈度,对重大、重要建筑物(如核电站、大坝、大桥、超高层建筑物等)可将基本烈度提高一度作为设计烈度。对低小普通建筑物,可比基本烈度降低一度作为设计烈度。但基本烈度为Ⅶ度时,则不再降低。我国规定:基本烈度在Ⅵ以下(包含Ⅵ度)的地区,建筑物可以不设防,超过Ⅵ度时,必须采取抗震设防措施。例如,郑州地区为Ⅶ度烈度区,对一般建筑物要按Ⅶ度设防,对重要、重大建筑物应按Ⅷ度设防,对平房等普通建筑可不设防。

9.1.3　地震灾害与地基基础的震害

地震是一种突发性的灾害,大的地震往往造成毁灭性的后果。地震的危害主要表现为造成大量的人员伤亡、建筑破坏和经济损失。

地震所产生的直接结果和间接结果,称为地震的灾害效应。灾害效应主要有三种:振动破坏效应(直接灾害)、地面破坏效应(间接灾害)和次生灾害。

我国是地震多发的国家,破坏性地震的强度和危害都非常大,部分地震灾害见表9-1。

表 9-1　20 世纪以来我国部分灾难性地震

时间 (年-月-日)	地点	震级	震害情况及死亡人数
2010-04-14	青海玉树县	7.1	2 698 人死亡,270 人失踪,玉树地区变为一片瓦砾,10 万人受灾
2008-05-12	四川汶川县	8.0	震中区烈度Ⅻ度,地震波及 16 个省(自治区),大半个中国都有震感,直接严重受灾面积 10 万 km²,造成 8.7 万余人死亡和失踪,37 万余人受伤,汶川、北川、茂县等地变为一片废墟,基本被夷为平地,地震还诱发大量的山体滑坡、崩塌、泥石流、堰塞湖等次发地质灾害,直接经济损失 8 451 亿元
1999-09-21	台湾中部	7.3	2 405 人死亡
1976-07-28	河北唐山	7.8	震中区烈度Ⅺ度,破坏范围超过了 3 万 km²,波及 14 个省(自治区),24.2 万人死亡,16.4 万人重伤,唐山市变为一片废墟和瓦砾,部分地区被夷为平地,整个城市遭到毁灭性的破坏,直接经济损失 100 多亿元,这是 20 世纪世界上死亡人数最多的地震
1975-02-04	辽宁省海城县	7.3	此次地震被成功预测预报和预防,因此避免了巨大的伤亡,仅 2 041 人死亡,但半个城市被毁,这是 20 世纪地震史上的奇迹

续表 9-1

时间 （年-月-日）	地点	震级	震害情况及死亡人数
1970-01-05	云南省通海县	7.7	15 621 人死亡,32 431 人伤残
1968-07-25	山东郯城	8.5	地震波及 8 省 161 个县,破坏区面积 50 万 km^2,是中国历史上最大的地震之一,造成 5 万余人死亡,灾难惨重
1966-03-22	河北邢台	7.2	在邢台隆县、宁晋县分别发生 6.8 级和 7.2 级地震,造成 8 064 人死亡、38 000 人受伤,经济损失 10 亿元
1950-08-15	西藏察隅县	8.6	近 4 000 人死亡,雅鲁藏布江在山崩中被分成四段,一个村庄被整个抛至江对岸,县城被毁,损失惨重
1932-12-25	甘肃昌马堡	7.6	死亡 7 万人,文物古迹损失严重
1927-05-23	甘肃古浪	8.0	死亡 35 495 人,饥民、难民无数
1925-03-16	云南大理	7.1	14 000 多人死亡
1920-12-16	宁夏海原县	8.6	共造成宁陕甘地区 27 万人遇难,四座城市被毁,数十个县城遭受严重破坏,地震发生时山崩地裂,房屋倒塌,一切荡然无存,是我国目前震级最高、烈度最大、破坏力最为严重的特大地震

地基遭受的震害主要是震陷、地基土液化、地震滑坡和地裂等。

9.1.3.1 震陷

震陷是指地基土由于地震作用而产生的明显的竖向永久变形。我国沿海地区,软土分布广泛,震陷是主要的地基灾害。

9.1.3.2 地基土液化

在地震作用下,饱和砂土的颗粒之间发生相互错动而重新排列,其结构趋于密实,如果砂土为颗粒细小的粉细砂,则因透水性较弱而导致孔隙水压力加大,同时颗粒间的有效应力减小,当地震作用大到使有效应力减小到零时,将使砂土颗粒处于悬浮状态,称为砂土液化现象。

砂土液化时,其性质类似于液体,抗剪强度完全丧失,使作用于其上的建筑物产生大量的沉降、倾斜和水平位移,可引起建筑物开裂、破坏甚至倒塌。在国内外的大量地震灾害中,砂土液化现象相当普遍,是造成地震灾害的重要原因。

9.1.3.3 地震滑坡

在山区和陡峻的河谷区域,强烈地震可引起山崩、滑坡、泥石流等大规模的岩土体运动,从而直接导致地基、基础和建筑物的破坏,对居民造成伤害。

9.1.3.4 地裂

地裂会导致地面或岩面的突然破裂和位移,会引起建筑物的变形和破坏。

地震造成建筑物基础的破坏主要是:①沉降、不均匀沉降和倾斜;②水平位移;③受拉破坏。

9.2 地基基础抗震设计

9.2.1 抗震设计的目标任务与方法

地震时,若地基土强度不能承受地基振动所产生的内力,建筑物就会失去支撑能力,导致地基失效,严重时可产生地裂、滑坡、液化、震陷等震害。

地基基础抗震设计的任务就是研究地震中地基和基础的稳定性及变形,包括地基的承载能力验算、地基液化可能性判别和液化等级的划分、震陷分析、合理的基础结构形式,以及为保障地基基础能有效工作所必须采取的抗震措施等内容。

抗震设防分为四个类别:特殊设防类、重点设防类、标准设防类、适度设防类。

抗震设防的目标是三个水准:小震不坏,中震可修,大震不到。

为保证实现上述抗震设防目标,在具体的设计工作中采用两阶段设计步骤:

第一阶段的设计是承载力验算,取第一水准的地震动参数计算结构的弹性地震作用标准值和相应的地震作用效应,进行结构构件的承载力验算,即可实现第一水准、第二水准的设计目标。大多数结构可仅进行第一阶段设计。

第二阶段设计是弹塑性变形验算。对有特殊要求的建筑、地震时易倒塌的结构及有明显薄弱层的不规则结构,进行此项计算。

上述设防原则和设计方法可简短地表述为“三水准设防,两阶段设计”。

地基基础一般只进行第一阶段设计。

9.2.2 场地选择

地震对建筑物的破坏作用是通过场地、地基和基础传递给上部结构的;同时,场地与地基在地震时又支撑着上部结构。因此,选择适宜的建筑场地对建筑物的抗震设计至关重要。

9.2.2.1 场地类型划分

场地划分的目的是便于采取合理的设计参数和适宜的抗震措施。我国《建筑抗震设计规范(2016 年版)》(GB 50011—2010)中采用以覆盖层厚度和剪切波速双指标分类方法来确定场地类别,具体划分如表 9-2、表 9-3 所示。

表 9-2 各类建筑场地的覆盖层厚度 （单位:m）

等效剪切波速（m/s）	场地类别				
	I_0	I	II	III	IV
$v_s > 800$	0				
$500 < v_s \leqslant 800$		0			
$250 < v_{se} \leqslant 500$		<5	$\geqslant 5$		
$150 < v_{se} \leqslant 250$		<3	3~50	>50	
$v_{se} \leqslant 150$		<3	3~15	15~80	>80

注:v_s 为场地岩石剪切波速;v_{se} 为场地土层等效剪切波速。

表 9-3　土的类型划分和剪切波速范围

土的类型	岩土名称和性状	土层剪切波速范围(m/s)
岩石	坚硬、较硬且完整的岩石	$v_s > 800$
坚硬土或软质岩石	破碎和较破碎的岩石或软和较软的岩石,密实的碎石土	$500 < v_s \leqslant 800$
中硬土	中密、稍密的碎石土,密实、中密的砾、粗砂、中砂,$f_{ak} > 150$ 的黏性土和粉土,坚硬黄土	$250 < v_{se} \leqslant 500$
中软土	稍密的砾、粗砂、中砂,除松散外的细砂、粉砂,$f_{ak} \leqslant 150$ kPa 的黏性土和粉土,$f_{ak} > 130$ kPa 的填土,可塑新黄土	$150 < v_{se} \leqslant 250$
软弱土	淤泥和淤泥质土,松散的砂,新近沉积的黏性土和粉土,$f_{ak} \leqslant 130$ kPa 的填土,流塑黄土	$v_{se} \leqslant 150$

注:f_{ak} 为由现场载荷试验等方法得到的地基承载力特征值,kPa;v_s 为岩土剪切波速。

场地土层的等效剪切波速按下式计算:

$$v_{se} = d_0 / t \tag{9-2}$$

$$t = \sum_{i=1}^{n} d_i / v_{si} \tag{9-3}$$

式中　v_{se}——土层等效剪切波速,m/s;

v_{si}——计算深度范围内第 i 层土的剪切波速,m/s;

t——剪切波速在地面至计算深度间的传播时间,s;

d_i——计算深度范围内第 i 层土的厚度,m;

d_0——计算深度,取覆盖层厚度和 20 m 二者的较小值;

n——计算深度范围内土层的分层数。

9.2.2.2　场地选择

通常,场地的工程地质条件不同,建筑物在地震中的破坏程度也明显不同。影响建筑震害和地震动参数的场地因素很多,其中主要有局部地形、地质构造、地基土质等,影响的方式也各不相同。GB 50223—2008 中将场地划分为有利、一般、不利和危险等地段,如表 9-4 所示。

表 9-4　有利、一般、不利和危险等地段的划分

地段类型	地质、地形、地貌
有利地段	稳定基岩,坚硬土,开阔、平坦、密实、均匀的中硬土等
一般地段	不属于不利、有利和危险的地段
不利地段	软弱土,液化土,条状突出的山嘴,高耸孤立的山丘,陡坡,陡坎,河岸和边坡的边缘,平面分布上成因、岩性、状态明显不均匀的土层(含故河道、疏松的断层破碎带、暗埋的塘浜沟谷和半填半挖地基),高含水量的可塑黄土,地表存在结构性裂缝等
危险地段	地震时可能发生滑坡、崩塌、地陷、地裂、泥石流等,以及发震断裂带上可能发生地表错位的部位

在选择建筑场地时,应按照工程需要,掌握地震活动情况和有关工程地质资料,做出综合评价,避开不利地段,当无法避开时应采取有效的抗震措施;对于危险地段,严禁建造甲、乙类的建筑,不应建造丙类的建筑。对于山区建筑的地基基础,应注意设置符合抗震要求的边坡工程,并避开土质边坡和强风化岩石边坡的边缘。若场地或邻近地段有断裂带,应避开,避开距离应满足表9-5的要求。

表 9-5 发震断裂的最小避开距离 （单位:m）

烈度	建筑抗震设防类别			
	甲	乙	丙	丁
VIII	专门研究	300	200	—
IX	专门研究	500	300	—

9.2.3 场地基础方案选择

地基在地震作用下的稳定性对基础和上部结构内力分布的影响十分明显,因此确保地震时地基基础不发生过大变形和不均匀沉降是地基基础抗震设计的基本要求。

地基基础的抗震设计应通过选择合理的基础体系和抗震验算来保证其抗震能力。基本要求是:

(1)同一结构单元的基础不宜设置在性质截然不同的地基土层上。

(2)同一结构单元不宜部分采用天然地基而另外部分采用桩基。

(3)地基有软弱黏性土、液化土、新近填土或严重不均匀土时,应根据地震时地基的不均匀沉降和其他不利影响采取相应措施。

(4)同一结构单元的基础不宜采用不同的基础埋深。

(5)深基础通常比浅基础抗震性能好。

(6)纵横内墙较密的地下室、箱形基础和筏板基础的抗震性能较好。对软弱地基,宜优先考虑设置全地下室,采用箱形基础或筏板基础。

(7)地基较好、建筑层数不多时,可采用单独基础,但最好用地基梁连成整体,或采用交叉条形基础。

9.2.4 天然地基承载力验算

地基和基础的抗震验算与静力状态下的验算方法相似,即计算的基底压力不超过调整后的地基抗震承载力。GB 50223—2008 规定,基础底面平均压力和边缘最大压力应符合下列要求:

$$P \leqslant f_{aE} \tag{9-4}$$

$$P_{max} \leqslant 1.2 f_{aE} \tag{9-5}$$

其中

$$f_{aE} = \zeta_a f_a \tag{9-6}$$

式中 P——地震作用效应标准组合的基础底面平均压力,kPa;

P_{max}——地震作用效应标准组合的基础底面边缘最大压力,kPa;

f_{aE}——调整后的地基抗震承载力,kPa;

f_a——深宽修正后的地基承载力特征值,可按 GB 50223—2008 采用;

ζ_a——地基抗震承载力调整系数,其值见表 9-6。

表 9-6　地基抗震承载力调整系数

岩土名称和性状	ζ_a
岩石,密实的碎石土,密实的砾、粗砂、中砂,$f_{ak} \geqslant 300$ kPa 的黏性土和粉土	1.5
中密、稍密的碎石土,中密和稍密的砾、粗砂、中砂,密实和中密的细砂、粉砂,150 kPa $\leqslant f_{ak} < 300$ kPa 的黏性土和粉土,坚硬黄土	1.3
稍密的细砂、粉砂,100 kPa $\leqslant f_{ak} < 150$ kPa 的黏性土和粉土,可塑黄土	1.1
淤泥,淤泥质土,松散的砂,杂填土,新近堆积黄土及流塑黄土	1.0

注:表中 f_{ak} 指未经深度修正的地基承载力特征值,按 GB 50223—2008 确定。

通常,对于量大面广的一般地基和基础可不做抗震验算,仅对容易产生地基基础震害的液化地基、软土震陷地基和严重不均匀地基进行地基抗震验算,并采取相应的抗震措施。

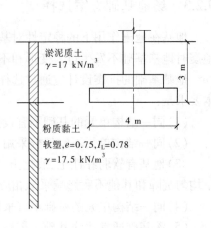

图 9-3　例 9-1 图

【例 9-1】　某厂房用现浇柱下独立基础,基础埋深 3 m,基础底面为正方形,边长 4 m,由平板载荷试验获得基底主要受力层的地基承载力特征值 $f_{ak} = 190$ kPa,地基土的其余参数如图 9-3 所示。考虑地震作用效应标准组合时作用于基底形心处的荷载 $N = 4\,850$ kN,$M = 920$ kN·m(单向偏心)。试按《建筑抗震设计规范(2016 年版)》(GB 50011—2010)验算地基的承载力。

解:(1)基底压力。

基底平均压力为

$$P = N/A = 4\,850/(4\times4) = 303.1(\text{kPa})$$

基底边缘压力为

$$P_{min}^{max} = \frac{N}{A} \pm \frac{M}{W} = \frac{N}{A} \pm \frac{M}{\dfrac{bl^2}{6}} = \frac{4\,850}{4^2} \pm \frac{920\times6}{4\times4^2} = 303.1 \pm 86.25 = \begin{matrix} 389.4 \\ 216.9 \end{matrix}(\text{kPa})$$

(2)地基抗震承载力。

由表 2-4 查得:$\eta_b = 0.3$,$\eta_d = 1.6$,根据式(2-10)有

$$f_a = f_{ak} + \eta_b \gamma (b-3) + \eta_d \gamma_m (d-0.5)$$
$$= 190 + 0.3\times17.5\times(4-1) + 1.6\times17\times(3-0.5) = 263.3(\text{kPa})$$

由表 9-6 查得地基抗震承载力调整系数 $\zeta_a = 1.3$,故地基抗震承载力 f_{aE} 为

$$f_{aE} = \zeta_a f_a = 1.3\times263.3 = 342.3(\text{kPa})$$

（3）验算。

由于　　　$P = 303.1\ \text{kPa} < f_{aE} = 342.3\ \text{kPa}$

　　　　　$P_{max} = 389.4\ \text{kPa} < 1.2 f_{aE} = 410.8\ \text{kPa}$

　　　　　$P_{min} = 216.9\ \text{kPa} > 0$

因此，地基承载力满足抗震要求。

9.3　液化判别与抗震措施

9.3.1　地基液化的概念及判别和处理的一般原则

据历次地震灾害调查表明，在地基失效破坏中由砂土液化造成的结构破坏在数量上占有很大的比例。处理和防治与砂土液化有关的地基失效问题，一般是从判别液化可能性和危害程度及采取抗震对策和措施两个方面加以防范和解决。

液化是指地震中覆盖土层内孔隙水压急剧上升，一时难以消散，导致土体抗剪强度大幅降低、地基承载力丧失或减弱的现象。液化多发生在饱和松散的粉细砂中，常伴有喷水、冒砂，以及构筑物沉陷、倾倒等现象。液化也常称为砂土液化或地基土液化。

液化使土体的抗震强度丧失，引起建筑物地基不均匀沉陷，引发建筑物的破坏甚至倒塌。1964 年，美国发生的阿拉斯加地震和日本新潟发生的地震，都出现了因大面积砂土液化而造成建筑物的严重破坏；在我国，1975 年海城地震和 1976 年唐山大地震也都发生了大面积的地基液化灾害。

液化判别和处理的一般原则是：

（1）对饱和砂土和饱和粉土（不含黄土）地基，除Ⅵ度外，应进行液化判别。对Ⅵ度区一般情况下可不进行判别和处理，但对液化沉陷敏感的乙类建筑可按Ⅶ度的要求进行判别和处理。

（2）存在液化土层的地基，应根据建筑的抗震设防类别、地基的液化等级，结合具体情况采取相应的措施。

9.3.2　液化判别和危险性估计方法

对于一般工程项目，砂土或粉土液化判别及危害程度估计可按以下步骤进行。

9.3.2.1　初判——确定是否液化

初判，就是初步判别，以地质年代、黏粒含量、地下水位及上覆非液化土层厚度条件等作为判别条件，具体规定如下：

（1）地质年代为第四纪晚更新世（Q_3）及以前的土层，Ⅶ度、Ⅷ度时可判为不液化。

（2）当粉土的黏粒（粒径小于 0.005 mm 的颗粒）在Ⅶ度、Ⅷ度和Ⅸ度时分别不小于10%、13%和16%的土层可判为不液化。

（3）采用天然地基的建筑，当上覆非液化土层厚度和地下水位符合下列条件之一时，可不考虑液化影响：

$$d_u > d_0 + d_b - 2 \tag{9-7}$$

$$d_w > d_0 + d_b - 3 \tag{9-8}$$

$$d_u + d_w > 1.5d_0 + 2d_b - 4.5 \tag{9-9}$$

式中　d_u——上覆非液化土层厚度,计算时宜将淤泥和淤泥质土层扣除,m;

d_0——液化土特征深度(指地震时一般能达到的液化深度),可按表9-7采用,m;

d_b——基础埋置深度,不超过 2 m 时,采用 2 m;

d_w——地下水位埋深,宜按设计基准期内年平均最高水位采用,也可按近期内年最高水位采用,m。

表 9-7　液化土特征深度 d_0　　　　　　　　　　　　　　　(单位:m)

饱和土类别	Ⅶ度	Ⅷ度	Ⅸ度
粉土	6	7	8
砂土	7	8	9

9.3.2.2　细判——标准贯入试验判别

当初步判别认为需要进一步进行液化判别时,应采用标准贯入试验判别地面下 20 m 深度范围内土层的液化可能性;但对符合规定可不进行天然地基及基础的抗震承载力验算的各类建筑,可只判别地面下 15 m 范围内土的液化可能性。当饱和土的标准贯入击数(未经杆长修正)小于液化判别标准贯入击数临界值时,应判为液化。当有成熟经验时,也可采用其他方法。

在地面以下 20 m 深度范围内,液化判别标准贯入击数临界值可按下式计算:

$$N_{cr} = N_0\beta[\ln(0.6d_s + 1.5) - 0.1d_w]\sqrt{3/\rho_c} \tag{9-10}$$

式中　N_{cr}——液化判别标准贯入击数临界值;

N_0——液化判别标准贯入击数基准值,按表9-8采用;

d_s——饱和土标准贯入试验点深度,m;

d_w——地下水位,m;

ρ_c——黏粒含量百分率,当小于 3 或为砂土时,均应取 3;

β——调整系数,设计地震第一组取 0.80,第二组取 0.95,第 3 组取 1.05。

表 9-8　液化判别标准贯入锤击数基准值 N_0

设计基本地震加速度	0.10g	0.15g	0.20g	0.30g	0.40g
N_0	7	10	12	16	19

上面所述初判、细判都是针对土层柱状内一点而言的,在一个土层柱状内可能存在多个液化点,如何确定一个土层柱状(相应于地面上的一个点)总的液化水平是场地液化危害程度评价的关键,GB 50223—2008 提供采用液化指数 I_{IE} 来表述液化程度的简化方法,即先探明各液化土层的深度和厚度,按下式计算每个钻孔的液化指数:

$$I_{IE} = \sum_{i=1}^{n}\left(1 - \frac{N_i}{N_{cri}}\right)d_iW_i \tag{9-11}$$

式中　I_{IE}——地基的液化指数;

n——判别深度范围内每一个钻孔的标准贯入试验总数；

N_i、N_{cri}——第 i 点标准贯入击数的实测值和临界值，当实测值大于临界值时应取
临界值，当只需要判别 0~15 m 内的液化时，15 m 以下的实测值可按临
界值采用；

d_i——第 i 点所代表的土层厚度，可采用与该标准贯入试验点相邻的上、下两标准
贯入试验点深度差的一半，但上界不高于地下水位深度，下界不深于液化深
度，m。

W_i——第 i 层土考虑单位土层厚度的层位影响权函数值，m^{-1}，当该层中点深度不
大于 5 m 时应采用 10 m，等于 20 m 时应采用零值，5~10 m 时应按线性内
插法取值。

计算出液化指数后，可按表 9-9 综合划分地基的液化等级。

表 9-9　液化指数与液化等级的对应关系

液化等级	轻微	中等	严重
液化指数	$0<I_{IE}\leqslant 6$	$6<I_{IE}\leqslant 18$	$I_{IE}>18$

【例 9-2】　某土层的土层分布及各土层中点处的标准贯入击数如图 9-4 所示。该地
区抗震设防烈度为Ⅷ度，设计地震分组组别为第一组，设计基本地震加速度值为 0.20g。
基础埋置深度按 2.0 m 考虑。试按 GB 50223—2008 判别该场地土层的液化可能性及场
地的液化等级。

图 9-4　例 9-2 图　（单位:深度,m）

解:(1)初判。

根据地质年代，土层④可判为不液化土层，其他土层根据式(9-7)~式(9-9)进行判别
如下:

由图 9-4 可知,$d_w=1.0$,$d_b=2.0$ m。

对于土层①,$d_u=0$,由表 9-7 查得 $d_0=8$,计算结果表明不能满足式(9-7)~式(9-9)的
要求,故不能排除液化可能性。

对于土层②,$d_u=0$,由表 9-7 查得 $d_0=7$,计算结果不能排除液化可能性。

对于土层③，$d_u = 0$，由表 9-7 查得 $d_0 = 8$，与土层①相同，不能排除液化可能性。

（2）细判。

对于土层①，$d_w = 1.0$，$d_s = 2.0$ m，$\beta = 0.8$，因土层为砂土，$\rho_c = 3$，另由表 9-8 查得 $N_0 = 12$，故由式（9-10）算得标贯击数临界值 N_{cr} 为

$$N_{cr} = N_0 \beta \left[\ln(0.6d_s + 1.5) - 0.1d_w \right] \sqrt{3/\rho_c}$$
$$= 12 \times 0.8 \times \left[\ln(0.6 \times 2.0 + 1.5) - 0.1 \times 1.0 \right] \times \sqrt{3/3} = 8.58$$

因 $N = 6 < N_{cr}$，故土层①判为液化土。

对于土层②，$d_w = 1.0$，$d_s = 5.5$ m，$\beta = 0.8$，因土层为粉土，$\rho_c = 8$，$N_0 = 12$，故由式（9-10）算得标贯击数临界值 N_{cr} 为

$$N_{cr} = N_0 \beta \left[\ln(0.6d_s + 1.5) - 0.1d_w \right] \sqrt{3/\rho_c}$$
$$= 12 \times 0.8 \times \left[\ln(0.6 \times 5.5 + 1.5) - 0.1 \times 1.0 \right] \times \sqrt{3/8} = 8.63$$

因 $N = 10 > N_{cr}$，故土层②判为不液化土。

对于土层③，$d_w = 1.0$，$d_s = 8.5$ m，$\beta = 0.8$，因土层为砂土，$\rho_c = 3$，$N_0 = 12$，故由式（9-10）算得标贯击数临界值 N_{cr} 为

$$N_{cr} = N_0 \beta \left[\ln(0.6d_s + 1.5) - 0.1d_w \right] \sqrt{3/\rho_c}$$
$$= 12 \times 0.8 \times \left[\ln(0.6 \times 8.5 + 1.5) - 0.1 \times 1.0 \right] \times \sqrt{3/3} = 17.16$$

因 $N = 24 > N_{cr}$，故土层③判为不液化土。

（3）场地的液化等级。

由上述计算得出只有土层①为液化土，该土层中标贯点的代表厚度应取为该土层的水下部分厚度，即 $d = 3$ m，按式（9-11）的说明，$W_i = 10$ m^{-1}，代入式（9-11）则有

$$I_{IE} = \sum_{i=1}^{n} \left(1 - \frac{N_i}{N_{cri}}\right) d_i W_i = \left(1 - \frac{6}{8.58}\right) \times 3 \times 10 - 1 = 8.02$$

由表 9-9 查得，该场地的地基液化等级为中等。

9.3.3　地基的抗液化措施及选择

液化是地震中造成地基失效的主要原因，要减轻这种危害，应根据地基液化等级和结构特点选择相应措施。目前，常用的抗液化工程措施都是在总结大量震害经验的基础上提出的，即综合考虑建筑物的重要性和地基液化等级，再根据具体情况确定。

理论分析与振动台试验均已证明液化的主要危害来自基础外侧，液化土层范围内位于基础正下方的部位其实最难液化。由于最先液化区域对基础正下方未液化部分产生影响，是指失去侧边压力支持并逐步被液化，此种现象称为液化侧向扩展。因此，在外侧易液化区的影响得到控制的情况下，轻微液化的土层是可以作为基础的持力层的，但工程中仅是在一定条件下是可行的，并应经过严密的论证。

GB 50223—2008 对地基抗液化措施及其选择的具体规定如下：

（1）当液化土层较平坦且均匀时，宜按表 9-10 选用地基抗液化措施。不宜将未处理的液化土层作为天然地基持力层。

（2）全部消除地基液化沉陷的措施应符合下列要求：

表 9-10 液化土层的抗液化措施

建筑抗震设防类别	地基的液化等级		
	轻微	中等	严重
乙类	部分消除液化沉陷,或对基础和上部结构进行处理	全部消除液化沉陷,或部分消除液化沉陷且对基础和上部结构进行处理	全部消除液化沉陷
丙类	对基础和上部结构进行处理,亦可不采取措施	对基础和上部结构进行处理,或采取更高要求的措施	全部消除液化沉陷,或部分消除液化沉陷且对基础上部结构进行处理
丁类	可不采取措施	可不采取措施	对基础和上部结构进行处理,或采取其他经济措施

注:甲类建筑的地基抗液化措施应进行专门研究,但不宜低于乙类的相应要求。

①采用桩基时,桩端深入液化深度以下稳定土层中的长度(不包括桩尖部分)应按计算确定,且碎石土,砾、粗、中砂,坚硬黏性土和密实粉土尚不应小于 0.8 m,其他非岩石土尚不宜小于 1.5 m。

②采用深基础时,基础底面应埋入液化深度以下的稳定土层中,其深度不应小于 0.5 m。

③采用加密法(如振冲、振动加密、挤密碎石桩、强夯等)加固时,应处理至液化深度下界;振冲或挤密碎石桩加固后,桩间土的被标准贯入击数不宜小于前述液化判别标准贯入击数的临界值。

④用非液化土替换全部液化土层,或增加上覆非液化土层厚度。

⑤采用加密法或换土法处理时,在基础边缘以外的处理宽度应超过基础底面以下处理深度的 1/2 且不小于基础宽度的 1/5。

(3)部分消除地基液化沉陷的措施应符合下列要求:

①处理深度应使处理后的地基液化指数减小,深度为 20 m 时,其值不宜大于 5。对独立基础和条形基础尚不应小于基础底面下液化土的特征深度和基础深度的较大值。

②采用振冲或挤密碎石桩加固后,桩间土的标准贯入击数不宜小于前述液化判别标准贯入击数的临界值。

③基础边缘以外的处理宽度应超过基础底面以下处理深度的 1/2 且不小于基础宽度的 1/5。

(4)减轻液化影响的基础和上部结构处理,可综合采取下列各项措施:

①选择合适的基础埋置深度;

②调整基础底面面积,减少基础偏心;

③加强基础的整体性和刚度,如采用箱基、筏基或钢筋混凝土交叉条形基础,加设基础圈梁等;

④减轻荷载,增强上部结构的整体刚度和均匀对称性,合理设置沉降缝,避免采取对不均匀沉降敏感的结构形式等;

⑤管道穿过建筑物处应预留足够尺寸或采用柔性接头等。

思考题与习题

9-1 试述地震的概念和危害。

9-2 试说明地震的震级、烈度及两者的关系。

9-3 试述建筑基础的震害。

9-4 简述抗震设计的目标和设计方法。

9-5 如何划分场地类型？如何选择建筑场地？

9-6 如何选择基础方案？

9-7 如何进行地基承载力验算？

9-8 某厂房柱下独立基础埋深 3 m，基础底面为边长 3.5 m 的正方形。现已测得基底主要受力层的地基承载力特征值 f_{ak} = 180 kPa，场地土层情况同例题 9-1。若考虑地震作用效应标准组合计算到基础底面形心的荷载 N = 3 250 kN，M = 750 kN·m（单向偏心）。试按 GB 50011—2010 验算地基的抗震承载力。

9-9 场地土层如图 9-5 所示，已知该地区的抗震设防烈度为Ⅷ度，设计地震分组组别为第一组，设计基本地震加速度为 0.20g。基础埋深按 2.0 m 考虑，各土层中点处的标准贯入击数由上到下分别为 4、7、40。请按 GB 50223—2008 判别场地土层的液化可能性并确定场地的液化等级。

9-10 场地土层如图 9-6 所示，场地所在地区的抗震设防烈度为Ⅶ度，设计地震分组组别为第一组，设计基本地震加速度为 0.10g。基础埋深按 2.0 m 考虑，细砂层中 A 点和 B 点的标准贯入击数分别为 7 和 12，试按 GB 50223—2008 分析 A、B 处的液化可能性。

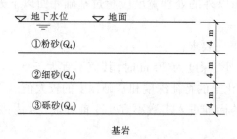

图 9-5 思考题与习题 9-9 图

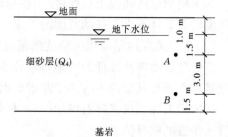

图 9-6 思考题与习题 9-10 图

附录 1 材料力学性能指标

材料力学性能指标见附表 1-1~附表 1-16。

附表 1-1 混凝土轴心抗压强度标准值 （单位：N/mm²）

强度	混凝土强度等级													
	C15	C20	C25	C30	C35	C40	C45	C50	C55	C60	C65	C70	C75	C80
f_{ck}	10.0	13.4	16.7	20.1	23.4	26.8	29.6	32.4	35.5	38.5	41.5	44.5	47.4	50.2

附表 1-2 混凝土轴心抗拉强度标准值 （单位：N/mm²）

强度	混凝土强度等级													
	C15	C20	C25	C30	C35	C40	C45	C50	C55	C60	C65	C70	C75	C80
f_{tk}	1.27	1.54	1.78	2.01	2.20	2.39	2.51	2.64	2.74	2.85	2.93	2.99	3.05	3.11

附表 1-3 混凝土轴心抗压强度设计值 （单位：N/mm²）

强度	混凝土强度等级													
	C15	C20	C25	C30	C35	C40	C45	C50	C55	C60	C65	C70	C75	C80
f_c	7.2	9.6	11.9	14.3	16.7	19.1	21.1	23.1	25.3	27.5	29.7	31.8	33.8	35.9

附表 1-4 混凝土轴心抗拉强度设计值 （单位：N/mm²）

强度	混凝土强度等级													
	C15	C20	C25	C30	C35	C40	C45	C50	C55	C60	C65	C70	C75	C80
f_t	0.91	1.10	1.27	1.43	1.57	1.71	1.80	1.89	1.96	2.04	2.09	2.14	2.18	2.22

附表 1-5 混凝土的弹性模量 （单位：万 N/mm²）

混凝土强度等级	C15	C20	C25	C30	C35	C40	C45	C50	C55	C60	C65	C70	C75	C80
E_c	2.20	2.55	2.80	3.00	3.15	3.25	3.35	3.45	3.55	3.60	3.65	3.70	3.75	3.80

注：1. 当有可靠试验依据时，弹性模量可根据实测数据确定；

2. 当混凝土中掺有大量矿物掺和料时，弹性模量可按规定龄期根据实测数据确定。

附表 1-6　混凝土受压疲劳强度修正系数 γ_ρ

ρ_c^f	$0 \leqslant \rho_c^f < 0.1$	$0.1 \leqslant \rho_c^f < 0.2$	$0.2 \leqslant \rho_c^f < 0.3$	$0.3 \leqslant \rho_c^f < 0.4$	$0.4 \leqslant \rho_c^f < 0.5$	$\rho_c^f \geqslant 0.5$
γ_ρ	0.68	0.74	0.80	0.86	0.93	1.00

附表 1-7　混凝土受拉疲劳强度修正系数 γ_ρ

ρ_c^f	$0 < \rho_c^f < 0.1$	$0.1 \leqslant \rho_c^f < 0.2$	$0.2 \leqslant \rho_c^f < 0.3$	$0.3 \leqslant \rho_c^f < 0.4$	$0.4 \leqslant \rho_c^f < 0.5$
γ_ρ	0.63	0.66	0.69	0.72	0.74
ρ_c^f	$0.5 \leqslant \rho_c^f < 0.6$	$0.6 \leqslant \rho_c^f < 0.7$	$0.7 \leqslant \rho_c^f < 0.8$	$\rho_c^f \geqslant 0.8$	—
γ_ρ	0.76	0.80	0.90	1.00	—

注:直接承受疲劳荷载的混凝土构件,当采用蒸汽养护时,养护温度不宜高于 60 ℃。

附表 1-8　混凝土的疲劳变形模量　　　　　　（单位:万 N/mm²）

强度等级	C30	C35	C40	C45	C50	C55	C60	C65	C70	C75	C80
E_c^f	1.30	1.40	1.50	1.55	1.60	1.65	1.70	1.75	1.80	1.85	1.90

附表 1-9　普通钢筋强度标准值　　　　　　（单位:N/mm²）

牌号	符号	公称直径 d(mm)	屈服强度标准值 f_{yk}	极限强度标准值 f_{stk}
HPB300	Φ	6~14	300	420
HRB335	Φ	6~14	335	455
HRB400	Φ			
HRBF400	Φ^F	6~50	400	540
RRB400	Φ^R			
HRB500	Φ	6~50	500	630
HRBF500	Φ^F			

附表 1-10　预应力筋强度标准值　　　　　　（单位:N/mm²）

种类		符号	公称直径 d(mm)	屈服强度标准值 f_{pyk}	极限强度标准值 f_{ptk}
中强度预应力钢丝	光面 螺旋肋	Φ^{PM} Φ^{HM}	5、7、9	620	800
				780	970
				980	1 270

续附表 1-10

种类		符号	公称直径 d(mm)	屈服强度标准值 f_{pyk}	极限强度标准值 f_{ptk}
预应力螺纹钢筋	螺纹	ϕ^T	18、25、32、40、50	785	980
				930	1 080
				1 080	1 230
消除应力钢丝	光面螺旋肋	ϕ^P ϕ^H	5、7、9	—	1 570
				—	1 860
				—	1 570
				—	1 470
				—	1 570
钢绞线	1×3 (三股)	ϕ^S	8.6、10.8、12.9	—	1 570
				—	1 860
				—	1 960
	1×7 (七股)		9.5、12.7、15.2、17.8	—	1 720
				—	1 860
				—	1 960
			21.6	—	1 860

注:极限强度标准值为 1 960 N/mm² 的钢绞线做后张预应力配筋时,应有可靠的工程经验。

附表 1-11　普通钢筋强度设计值 （单位:N/mm²）

牌号	抗拉强度设计值 f_y	抗压强度设计值 f'_y
HPB300	270	270
HRB335	300	300
HRB400、HRBF400、RRB400	360	360
HRB500、HRBF500	435	435

附表 1-12　预应力筋强度设计值 （单位:N/mm²）

种类	极限强度标准值 f_{ptk}	抗拉强度设计值 f_{py}	抗压强度设计值 f'_{py}
中强度预应力钢丝	800	510	410
	970	650	
	1 270	810	

续附表 1-12

种类	极限强度标准值 f_{ptk}	抗拉强度设计值 f_{py}	抗压强度设计值 f'_{py}
消除应力钢丝	1 470	1 040	410
	1 570	1 110	
	1 860	1 320	
钢绞线	1 570	1 110	390
	1 720	1 220	
	1 860	1 320	
	1 960	1 390	
预应力螺纹钢筋	980	650	400
	1 080	770	
	1 230	900	

注:当预应力筋的强度标准值不符合本表的规定时,其强度设计值应进行相应的比例换算。

附表 1-13　普通钢筋及预应力筋在最大力下的总伸长率限值

钢筋品种	普通钢筋			预应力筋
	HPB300	HRB335、HRB400、HRBF400、HRB500、HRBF500	RRB400	
δ_{gt}(%)	10.0	7.5	5.0	3.5

附表 1-14　钢筋的弹性模量　　　　　（单位:$\times 10^5$ N/mm^2）

牌号或种类	弹性模量 E_s
HPB300 钢筋	2.10
HRB335、HRB400、HRB500 钢筋 HRBF400、HRBF500 钢筋 RRB400 钢筋 预应力螺纹钢筋	2.00
消除应力钢丝、中强度预应力钢丝	2.05
钢绞线	1.95

注:必要时可采用实测的弹性模量。

附表 1-15　普通钢筋疲劳应力幅限值　　　　　　　　（单位：N/mm²）

疲劳应力比值 ρ_s^f	疲劳应力幅限值 Δf_y^f	
	HRB335	HRB400
0	175	175
0.1	162	162
0.2	154	156
0.3	144	149
0.4	131	137
0.5	115	123
0.6	97	106
0.7	77	85
0.8	54	60
0.9	28	31

注：当纵向受拉钢筋采用闪光接触对焊连接时，其接头处的钢筋疲劳应力幅限值应按表中数值乘以 0.8 取用。

附表 1-16　预应力筋疲劳应力幅限值　　　　　　　　（单位：N/mm²）

疲劳应力比值 ρ_p^f	钢绞线 $f_{ptk} = 1\ 570$	消除应力钢丝 $f_{ptk} = 1\ 570$
0.7	144	240
0.8	118	168
0.9	70	88

注：1. 当 ρ_p^f 不小于 0.9 N/mm² 时，可不做预应力筋疲劳验算；

　　2. 当有充分依据时，可对表中规定的疲劳应力幅限值做适当调整。

附录2　钢筋、钢绞线、钢丝的公称直径、公称截面面积及理论重量

钢筋、钢绞线、钢丝的公称直径、公称截面面积及理论重量见附表2-1~附表2-4。

附表 2-1　钢筋的公称直径、公称截面面积及理论重量

公称直径（mm）	不同根数钢筋的公称截面面积（mm²）									单根钢筋理论重量（kg/m）
	1	2	3	4	5	6	7	8	9	
6	28.3	57	85	113	142	170	198	226	255	0.222
8	50.3	101	151	201	252	302	352	402	453	0.395
10	78.5	157	236	314	393	471	550	628	707	0.617
12	113.1	226	339	452	565	678	791	904	1 017	0.888
14	153.9	308	461	615	769	923	1 077	1 231	1 385	1.21
16	201.1	402	603	804	1 005	1 206	1 407	1 608	1 809	1.58
18	254.5	509	763	1 017	1 272	1 527	1 781	2 036	2 290	2.00(2.11)
20	314.2	628	942	1 256	1 570	1 884	2 199	2 513	2 827	2.47
22	380.1	760	1 140	1 520	1 900	2 281	2 661	3 041	3 421	2.98
25	490.9	982	1 473	1 964	2 454	2 945	3 436	3 927	4 418	3.85(4.10)
28	615.8	1 232	1 847	2 463	3 079	3 695	4 310	4 926	5 542	4.83
32	804.2	1 609	2 413	3 217	4 021	4 826	5 630	6 434	7 238	6.31(6.65)
36	1 017.9	2 036	3 054	4 072	5 089	6 107	7 125	8 143	9 161	7.99
40	1 256.6	2 513	3 770	5 027	6 283	7 540	8 796	10 053	11 310	9.87(10.34)
50	1 963.5	3 928	5 892	7 856	9 820	11 784	13 748	15 712	17 676	15.42(16.28)

注:括号内为预应力螺纹钢筋的数值。

附表 2-2　**钢筋混凝土板每米宽的钢筋面积**　　　（单位：mm²）

钢筋间距 (mm)	钢筋直径(mm)											
	3	4	5	6	6/8	8	8/10	10	10/12	12	12/14	14
70	101.0	180.0	280.0	404.0	561.0	719.0	920.0	1 121.0	1 369.0	1 616.0	1 907.0	2 199.0
75	94.2	168.0	262.0	377.0	524.0	671.0	859.0	1 047.0	1 277.0	1 508.0	1 780.0	2 052.0
80	88.4	157.0	245.0	354.0	491.0	629.0	805.0	981.0	1 198.0	1 414.0	1 669.0	1 924.0
85	83.2	148.0	231.0	333.0	462.0	592.0	758.0	924.0	1 127.0	1 331.0	1 571.0	1 811.0
90	78.5	140.0	218.0	314.0	437.0	559.0	716.0	872.0	1 064.0	1 257.0	1 483.0	1 710.0
95	74.5	132.0	207.0	298.0	414.0	529.0	678.0	826.0	1 008.0	1 190.0	1 405.0	1 620.0
100	70.6	126.0	196.0	283.0	393.0	503.0	644.0	785.0	958.0	1 131.0	1 335.0	1 539.0
110	64.2	114.0	178.0	257.0	357.0	457.0	585.0	714.0	871.0	1 028.0	1 214.0	1 399.0
120	58.9	105.0	163.0	236.0	327.0	419.0	537.0	654.0	798.0	942.0	1 113.0	1 283.0
125	56.5	101.0	157.0	226.0	314.0	402.0	515.0	628.0	766.0	905.0	1 068.0	1 231.0
130	54.4	96.6	151.0	218.0	302.0	387.0	495.0	604.0	737.0	870.0	1 027.0	1 184.0
140	50.5	89.8	140.0	202.0	281.0	359.0	460.0	561.0	684.0	808.0	954.0	1 099.0
150	47.1	83.8	131.0	189.0	262.0	335.0	429.0	523.0	639.0	754.0	390.0	1 026.0
160	44.1	78.5	123.0	177.0	246.0	314.0	403.0	491.0	599.0	707.0	834.0	962.0
170	41.5	73.9	115.0	166.0	231.0	296.0	379.0	462.0	564.0	665.0	785.0	905.0
180	39.2	69.8	109.0	157.0	218.0	279.0	358.0	436.0	532.0	628.0	742.0	855.0
190	37.2	66.1	103.0	149.0	207.0	265.0	339.0	413.0	504.0	595.0	703.0	810.0
200	35.3	62.8	98.2	141.0	196.0	251.0	322.0	393.0	479.0	505.0	668.0	770.0
220	32.1	57.1	89.2	129.0	179.0	229.0	293.0	357.0	436.0	514.0	607.0	700.0
240	29.4	52.4	81.8	118.0	164.0	210.0	268.0	327.0	399.0	471.0	556.0	641.0
250	28.3	50.3	78.5	113.0	157.0	201.0	258.0	314.0	383.0	452.0	534.0	616.0
260	27.2	48.3	75.5	109.0	151.0	193.0	248.0	302.0	369.0	435.0	513.0	592.0
280	25.2	44.9	70.1	101.0	140.0	180.0	230.0	280.0	342.0	404.0	477.0	550.0
300	23.6	41.9	65.5	94.2	131.0	168.0	215.0	262.0	319.0	377.0	445.0	513.0
320	22.1	39.3	61.4	88.4	123.0	157.0	201.0	245.0	299.0	353.0	417.0	481.0

附表 2-3　钢绞线的公称直径、公称截面面积及理论重量

种类	公称直径(mm)	公称截面面积(mm²)	理论重量(kg/m)
1×3	8.6	37.7	0.296
	10.8	58.9	0.462
	12.9	84.8	0.666
1×7 标准型	9.5	54.8	0.430
	12.7	98.7	0.775
	15.2	140	1.101
	17.8	191	1.500
	21.6	285	2.237

附表 2-4　钢丝的公称直径、公称截面面积及理论重量

公称直径(mm)	公称截面面积(mm²)	理论重量(kg/m)
5.0	19.63	0.154
7.0	38.48	0.302
9.0	63.62	0.499

附录 3　基础工程课程设计及参考样例

附录 3-1　基础工程课程设计任务书——柱下独立基础设计

1　设计目的

课程设计的目的主要使学生结合教材和规范所讲授的基础工程知识,能根据地质条件选用合适的基础形式,进行基础设计,并绘制施工图纸,从而达到巩固课堂学习内容、检验学习效果和熟悉使用规范的目的,并为今后毕业设计及将来工作中的实际应用奠定坚实的基础。

基础工程设计的总体目标和要求可以概括为安全适用、技术先进、经济合理、确保质量和保护环境。

2　设计资料

(1)场地地形:拟建建筑场地平整,无不良地质情况。

(2)场地工程地质条件:场地工程地质条件自上而下情况如附表 3-1 所示。

附表 3-1　各土层主要物理力学性质参数

层序	岩性	层厚（m）	天然重度 γ（kN/m³）	孔隙比 e	液性指数 I_L	地基承载力特征值 f_{ak}（kPa）
①	杂填土	0.5	17.5			
②	粉质黏土	2.0	18.0	0.65	0.85	180
③	黏土	2.5	18.5	0.60	0.80	200
④	细砂	6.0	21.5	0.65	0.75	250
⑤	全风化花岗岩	未揭穿	23.0			300

(3)水文地质条件:①拟建场地地下水对混凝土无腐蚀性;②地下水位深度:位于室外地面下 3.0 m。

(4)上部结构资料:拟建建筑物为某工业厂房,其框架结构、结构平面及柱网布置如附图 3-1 所示。建筑物四周为 200 mm 厚填充墙,无地下室,室外地坪标高同场地自然地面,室内地面高出室外地面 300 mm。框架柱截面尺寸均为 400 mm×400 mm,轴线均居柱中心,环境类别为一类。柱网尺寸见附表 3-2,柱底荷载见附表 3-3。

(5)材料。

混凝土:混凝土强度等级 C30;

钢筋:受力筋用 HRB400 级钢筋,非受力筋用 HPB300 级钢筋。

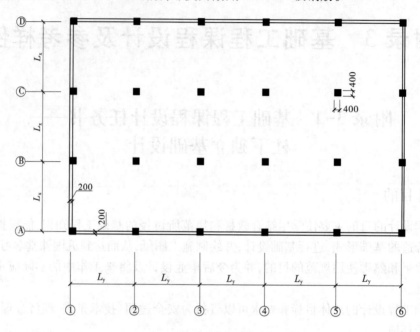

附图 3-1　结构平面图及柱网布置图　（单位:mm）

附表 3-2　柱网尺寸　　　　　　　　　（单位:mm）

序号	L_y	L_x
①	7 200	7 200
②	7 500	7 200
③	7 500	7 500
④	7 800	7 200
⑤	7 800	7 500
⑥	7 800	7 800
⑦	8 100	7 200
⑧	8 100	7 500

附表 3-3　柱底荷载

序号	中柱	边柱			角柱	
	N_k(kN)	N_k(kN)	M_k(kN·m)（单向）		N_k(kN)	M_k(kN·m)（双向）
①	1 000	600	30		400	20
②	1 100	650	40		425	25
③	1 200	700	50		450	30
④	1 300	750	60		475	35

续附表 3-3

序号	中柱	边柱		角柱	
	$N_k(kN)$	$N_k(kN)$	$M_k(kN \cdot m)$（单向）	$N_k(kN)$	$M_k(kN \cdot m)$（双向）
⑤	1 400	800	70	500	40
⑥	1 500	850	80	525	45
⑦	1 600	900	90	550	50
⑧	1 700	950	100	575	55

3 设计任务分配

每位学生按编号顺序（每位学生的编号见附表 3-4），根据附表 3-4 对应的一组数据进行设计。

附表 3-4 学生编号

荷载序号	柱网序号							
	①	②	③	④	⑤	⑥	⑦	⑧
①	1	2	3	4	5	6	7	8
②	9	10	11	12	13	14	15	16
③	17	18	19	20	21	22	23	24
④	25	26	27	28	29	30	31	32
⑤	33	34	35	36	37	38	39	40
⑥	41	42	43	44	45	46	47	48
⑦	49	50	51	52	53	54	55	56
⑧	57	58	59	60	61	62	63	64

4 设计内容及要求

4.1 设计计算书

中柱、边柱、角柱任选两个进行配筋计算，第三个只用计算基础底面面积。

设计计算书包括以下内容：

(1)确定地基持力层和基础埋置深度。

(2)确定基础底面尺寸,验算地基承载力。

(3)对基础进行抗冲切承载力或抗剪承载力验算,确定基础高度。

(4)对基础进行正截面受弯承载力验算,确定基础底板配筋。

计算书中需画出基础剖面示意图,注明标高及土层情况。

计算书的要求:步骤清楚、层次分明、计算正确、书写工整。

4.2 设计图纸

设计图纸包括以下内容:

（1）基础平面布置图（基础配筋用平法表示）。

（2）独立基础大样图。

（3）设计说明。

图纸的要求：图面按制图标准规定绘制，要求布图匀称、表达正确、线条清晰、图面整洁。

5　提交成果要求

（1）计算书手写或计算机打印均可，A4 纸型，与封面统一装订成册，封面采用学校统一要求的样式（样式附后）。

（2）基础图绘制于 2 号图纸上，计算机绘图。

（3）独立完成本课程设计，如果发现抄袭必须重做或重修。

6　进度安排

课程设计在第 17 周或利用课下时间进行设计。设计过程中有任何问题均可与指导老师进行沟通交流。

7　提交成果

以班级为单位提交成果，按从上到下、学号从小到大的顺序排列。具体提交成果日期和地点另行通知。

参考文献

[1] 赵明华.基础工程[M].3 版.北京:高等教育出版社,2017.

[2] 华南理工大学,浙江大学,湖南大学.基础工程[M].3 版.北京:中国建筑工业出版社,2014.

[3] 周景星,李广信,张建红,等.基础工程[M].3 版.北京:清华大学出版社,2015.

[4] 严绍军,时红莲,谢妮.基础工程学[M].3 版.武汉:中国地质大学出版社,2018.

[5] 东南大学,天津大学,同济大学.混凝土结构(上册):混凝土结构设计原理[M].6 版.北京:中国建筑工业出版社,2016.

[6] 中华人民共和国住房和城乡建设部.建筑地基基础设计规范:GB 50007—2011[S].北京:中国计划出版社,2012.

[7] 中华人民共和国住房和城乡建设部.建筑结构荷载规范:GB 50009—2012[S].北京:中国建筑工业出版社,2012.

[8] 中华人民共和国住房和城乡建设部.混凝土结构设计规范(2015 年版):GB 50010—2010[S].北京:中国建筑工业出版社,2015.

[9] 中华人民共和国住房和城乡建设部,中华人民共和国国家质量监督检验检疫总局.建筑抗震设计规范(2016 年版):GB 50011—2010[S].北京:中国建筑工业出版社,2016.

[10] 中华人民共和国住房和城乡建设部.岩土工程勘察规范(2009 年版):GB 50021—2001[S].北京:中国建筑工业出版社,2009.

[11] 中华人民共和国住房和城乡建设部.建筑边坡工程技术规范:GB 50330—2013[S].北京:中国建筑工业出版社,2013.

××××学院
本科课程设计

编号：_____

题目:×××××× 设计

课　　程:　　基础工程课程设计_____

学　　院:　_____

专　　业:　_____

年级班别:　_____

学　　号:　_____

姓　　名:　_____

指导教师:　_____

年　　月　　日

附录 3-2　基础工程课程设计
（柱下独立基础设计）参考样例

1　柱网结构及荷载资料

以 3 号同学为例，给定的基本数据如下：

柱网布置：$L_x = 7\ 500$ mm，$L_y = 7\ 500$ mm。

柱截面尺寸：400 mm×400 mm。

柱底荷载：中柱，$F_k = 1\ 000$ kN；

边柱，$F_k = 600$ kN，$M_k = 30$ kN·m（单向）；

角柱，$F_k = 400$ kN，$M_k = 20$ kN·m（双向）。

2　中柱

2.1　确定持力层承载力及基础尺寸（基底面积）

（1）确定持力层承载力。

选择第③层黏土作为持力层。基础坐落在黏土层顶面。基础埋深 $d = 2.5$ m。由原位试验等方法确定的承载力特征值 $f_{ak} = 200$ kPa。

根据 $e = 0.60$，$I_L = 0.80$，查表 2-4 得承载力修正系数 $\eta_b = 0.3$，$\eta_d = 1.6$。

基底之上土的加权平均重度 γ_m 为

$$\gamma_m = \frac{17.5×0.5+18×2.0}{0.5+2.0} = 17.9(\text{kN/m}^3)$$

假设基础宽度不大于 3 m，持力层承载力特征值 f_a 只需进行深度修正：

$$f_a = f_{ak} + \eta_d\gamma_m(d-0.5) = 200 + 1.6×17.9×(2.5-0.5) = 257.28(\text{kPa})$$

（2）确定基础尺寸（基底面积）。

中柱不需考虑偏心荷载，则

$$A \geqslant \frac{F_k}{f_a-\gamma_G d} = \frac{1\ 000}{257.28-20×2.5} = 4.82(\text{m}^2)$$

取 $b×l = 2×2.5 = 5(\text{m}^2)$。因为 $b = 2$ m < 3 m，不需要进行承载力宽度修正。

（3）验算地基承载力。

$$G_k = \gamma_G A d = 20×5×2.5 = 250(\text{kN})$$

$$P_k = \frac{F_k+G_k}{A} = \frac{1\ 000+250}{5} = 250 < f_a = 257.28\ \text{kPa}$$

符合要求。所以，基础长、宽尺寸取 $b×l = 2×2.5 = 5(\text{m}^2)$。

2.2　抗冲切承载力验算

地基净反力按荷载作用基本组合计算，取作用的分项系数 $\gamma_s = 1.35$，则

$$P_j = \frac{F}{A} = \frac{\gamma_s F_k}{A} = \frac{1.35 \times 1\,000}{5} = 270\,(\text{kPa})$$

假设基础高度 $h = 550\,\text{mm}$，有垫层，钢筋保护层厚度为 40 mm，采用锥形截面（见附图 3-2）。基础高度与宽度之比满足小于 1：3 的要求。

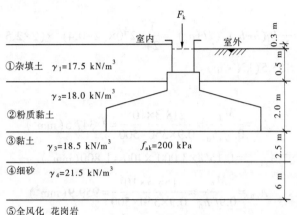

附图 3-2　地质剖面图

主要进行柱边受冲切承载力验算。

基础的有效高度 $h_0 = 550 - 40 - 10 = 500\,(\text{mm})$。

受冲切承载力截面高度影响系数 $\beta_{hp} = 1.0$。

冲切破坏锥体最不利一侧计算长度（a_m）：

由设计资料可知，柱截面尺寸：$a_c \times b_c = 400\,\text{mm} \times 400\,\text{mm}$，则

$$a_m = b_c + h_0 = (400 + 50 \times 2) + 500 = 1\,000\,(\text{mm})$$

冲切验算时取用的基底面积（A_1）为

$$A_1 = \left(\frac{l}{2} - \frac{a_c}{2} - h_0\right) b - \left(\frac{b}{2} - \frac{b_c}{2} - h_0\right)^2 = \left(\frac{2.5}{2} - \frac{0.4}{2} - 0.5\right) \times 2 - \left(\frac{2}{2} - \frac{0.4}{2} - 0.5\right)^2 = 1.01\,(\text{m}^2)$$

混凝土强度等级为 C30，查附表 1-4 可得混凝土轴心抗拉强度设计值 $f_t = 1.43\,\text{N/mm}^2$。

混凝土抗冲切力为

$$[V] = 0.7 \beta_{hp} f_t a_m h_0 = 0.7 \times 1.0 \times 1.43 \times 1\,000 \times 500 = 500.5\,(\text{kN})$$

冲切力（F_1）为

$$F_1 = P_j A_1 = 270 \times 1.01 = 272.7\,(\text{kN}) < [V] = 500.5\,\text{kN}$$

因此，柱边抗冲切满足要求。

2.3　正截面受弯承载力及配筋计算

正截面高宽比：$\dfrac{h}{b} = \dfrac{550}{400} = 1.38 < 2.5$，符合要求。

计算弯矩设计值如下：

截面 I — I :

$$M_{\mathrm{I}} = \frac{1}{24}P_{\mathrm{j}}(l-a_{\mathrm{c}})^2(2b+b_{\mathrm{c}}) = \frac{1}{24}\times270\times(2.5-0.4)^2\times(2\times2+0.4)$$

$$= 218.3(\mathrm{kN\cdot m})$$

截面 II — II :

$$M_{\mathrm{II}} = \frac{1}{24}P_{\mathrm{j}}(b-b_{\mathrm{c}})^2(2l+a_{\mathrm{c}}) = \frac{1}{24}\times270\times(2-0.4)^2\times(2\times2.5+0.4)$$

$$= 155.5(\mathrm{kN\cdot m})$$

配筋：

$$A_{\mathrm{sI}} = \frac{M_{\mathrm{I}}}{0.9f_{\mathrm{y}}h_0} = \frac{218.3\times10^6}{0.9\times360\times500} = 1\ 347.5(\mathrm{mm}^2)$$

最小配筋率要求：$A_{\mathrm{s\,I\,min}} = 0.15\%\times3\ 000\times400 = 1\ 800(\mathrm{mm}^2)$

$$A_{\mathrm{s\,II}} = \frac{M_{\mathrm{II}}}{0.9f_{\mathrm{y}}h_0} = \frac{155.5\times10^6}{0.9\times360\times500} = 959.9(\mathrm{mm}^2)$$

最小配筋率要求：$A_{\mathrm{s\,II\,min}} = 0.15\%\times2\ 000\times400 = 1\ 200(\mathrm{mm}^2)$

配筋应满足最小配筋率的要求。所以，对于截面 I，取配筋面积 $A_{\mathrm{sI}} = 3\ 300\ \mathrm{mm}^2$，查附录 2，选用 6 Φ 20 受力钢筋；对于截面 II，取配筋面积 $A_{\mathrm{s\,II}} = 1\ 200\ \mathrm{mm}^2$，选用 6 Φ 16 受力钢筋。

3 边柱

(1)确定基础尺寸(基底面积)。

边柱基础埋深同样为 $d = 2.5$ m，持力层承载力特征值 $f_{\mathrm{a}} = 257.28$ kPa，则基底面积为

$$A \geqslant \frac{F_{\mathrm{k}}}{f_{\mathrm{a}}-\gamma_{\mathrm{G}}d} = \frac{600}{257.28-20\times2.5} = 2.89(\mathrm{m}^2)$$

考虑到偏心荷载的不利影响，基底面积加大 20%：

$$A' = 1.2A = 1.2\times2.89 = 3.5(\mathrm{m}^2)$$

基底面积取：$b\times l = 2.0\times2.0 = 4.0(\mathrm{m}^2)$。

$b = 2.0$ m < 3 m，不需进行承载力宽度修正。

(2)验算地基承载力。

基底边缘的最大、最小压力为

$$P_{\substack{\mathrm{kmax}\\\mathrm{kmin}}} = \frac{F_{\mathrm{k}}+G_{\mathrm{k}}}{A} \pm \frac{M_{\mathrm{k}}}{\omega} = \frac{F_{\mathrm{k}}+\gamma_{\mathrm{G}}Ad}{A} \pm \frac{M_{\mathrm{k}}}{bl^2/6}$$

$$= \frac{600+20\times4\times2.5}{4} \pm \frac{6\times30}{2\times2^2} = 200\pm22.5 = \frac{222.5}{177.5}(\mathrm{kPa})$$

基底压力：$\qquad P_{\mathrm{k}} = \frac{F_{\mathrm{k}}+G_{\mathrm{k}}}{A} = 200\ \mathrm{kPa} < f_{\mathrm{a}} = 257.28\ \mathrm{kPa}$

基底最大压力：$P_{max}=222.5\ kPa<1.2f_a=1.2\times257.28=308.74(kPa)$

符合要求，即基底尺寸为：$b\times l=2.0\times2.0=4.0(m^2)$。

（3）抗冲切承载力验算。

地基净反力按荷载作用基本组合计算，取作用的分项系数 $\gamma_s=1.35$，则

$$P_{jmax\atop jmin}=\frac{F+G}{A}\pm\frac{M}{\omega}=\frac{1.35(F_k+G_k)}{A}\pm\frac{1.35M_k}{bl^2/6}$$

$$=\frac{1.35\times(600+20\times4\times2.5)}{4}\pm\frac{1.35\times6\times30}{2\times2^2}=270\pm30.4$$

$$={300.4\atop239.6}(kPa)$$

与中柱计算相同，取基础有效高度：$h_0=500\ mm$；

受冲切承载力截面高度影响系数：$\beta_{hp}=1.0$；

冲切破坏锥体最不利一侧计算长度：$a_m=1\ 000\ mm$；

边柱横截面尺寸：$a_c=b_c=400\ mm$；

混凝土轴心抗拉强度设计值 $f_t=1.43\ N/mm^2$。

冲切验算时取用的基底面积(A_1)为

$$A_1=\left(\frac{l}{2}-\frac{a_c}{2}-h_0\right)b-\left(\frac{b}{2}-\frac{b_c}{2}-h_0\right)^2=\left(\frac{2}{2}-\frac{0.4}{2}-0.5\right)\times2-\left(\frac{2}{2}-\frac{0.4}{2}-0.5\right)^2=0.51(m^2)$$

混凝土抗冲切力$[V]$为

$$[V]=0.7\beta_{hp}f_ta_mh_0=0.7\times1.0\times1.43\times1\ 000\times500=500.5(kN)$$

冲切力(F_1)为

$$F_1=P_{jmax}A_1=300.4\times0.51=153.2(kN)<[V]=500.5\ kN$$

因此，边柱抗冲切满足要求。

（4）正截面受弯承载力及配筋计算。

截面压力：

$$P_{jI}=P_{jmin}+\frac{l+a_c}{2l}(P_{jmax}-P_{jmin})$$

$$=239.6+\frac{2+0.4}{2\times2}\times(300.4-239.6)=276.1(kPa)$$

弯矩设计值：

$$M_I=\frac{1}{48}[(P_{jmax}+P_{jI})(2b+b_c)+(P_{jmax}-P_{jI})b](l-a_c)^2$$

$$=\frac{1}{48}\times[(300.4+276.1)\times(2\times2+0.4)+(300.4-276.1)\times2]\times(2-0.4)^2$$

$$=137.88(kN\cdot m)$$

$$M_{II}=\frac{1}{24}P_j(b-b_c)^2(2l+a_c)=\frac{1}{24}\times225\times(2-0.4)^2\times(2\times2+0.4)=105.6(kN\cdot m)$$

配筋计算：

$$A_{sI} = \frac{M_I}{0.9f_y h_0} = \frac{137.88 \times 10^6}{0.9 \times 360 \times 500} = 851.1 (\text{mm}^2)$$

最小配筋率要求：$A_{sI\min} = 0.15\% \times 2\,000 \times 400 = 1\,200 (\text{mm}^2)$

$$A_{sII} = \frac{M_{II}}{0.9f_y h_0} = \frac{105.6 \times 10^6}{0.9 \times 360 \times 500} = 651.85 (\text{mm}^2)$$

最小配筋率要求：$A_{sII\min} = 1\,200 (\text{mm}^2)$

配筋应满足最小配筋率的要求。所以，对截面 I 、II 均取配筋面积 $A_{sI} = 1\,200\ \text{mm}^2$，查附录 2，选用 6 Φ 16 受力钢筋。

4　角柱

（1）确定基础尺寸（基底面积）。

与中柱、边柱计算类似，角柱持力层承载力特征值同样为：$f_a = 257.28\ \text{kPa}$。

$$A \geqslant \frac{F_k}{f_a - \gamma_G d} = \frac{400}{257.28 - 20 \times 2.5} = 1.93 (\text{m}^2)$$

考虑到偏心荷载的不利影响，基础底面积加大 20%：

$$A' = 1.2A = 1.2 \times 1.93 = 2.32 (\text{m}^2)$$

取 $b \times l = 1.2 \times 2 = 2.4 (\text{m}^2)$。因为 $b = 1.2\ \text{m} < 3\ \text{m}$，不需要进行承载力宽度修正。

（2）验算地基承载力。

基底边缘的最大、最小压力为

$$P_{k\max \atop k\min} = \frac{F_k + G_k}{A} \pm \frac{2M_k}{\omega} = \frac{F_k + \gamma_G A d}{A} \pm \frac{2M_k}{bl^2/6}$$

$$= \frac{400 + 20 \times 2.4 \times 2.5}{2.4} \pm \frac{2 \times 20}{1.2 \times 2^2/6} = 216.7 \pm 50 = {266.7 \atop 166.7} (\text{kPa})$$

注意：M_k 之前乘以 2 代表是双向弯矩。

基底中心处压力为

$$P_k = \frac{F_k + G_k}{A} = \frac{F_k + \gamma_G A d}{A} = \frac{400 + 20 \times 2.4 \times 2.5}{2.4} = 216.7 (\text{kPa}) < f_a = 257.28 (\text{kPa})$$

$$P_{k\max} = 266.7\ \text{kPa} < 1.2f_a = 1.2 \times 257.28 = 308.74 (\text{kPa})$$

符合要求。所以，角柱尺寸为 $b \times l = 1.2 \times 2 = 2.4 (\text{m}^2)$。

根据以上对中柱、边柱和角柱的计算结果进行基础设计，用计算机 AutoCAD 或 PKPM 软件绘图，参见附图 3-3、附图 3-4。

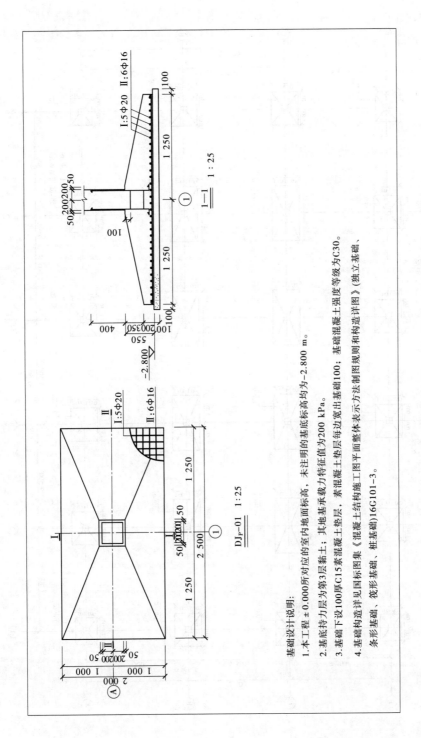

基础设计说明:
1. 本工程±0.000所对应的室内地面标高,未注明的基底标高均为-2.800 m。
2. 基底持力层为第3层黏土;其地基承载力特征值为200 kPa。
3. 基础下设100厚C15素混凝土垫层,素混凝土垫层每边宽出基础100;基础混凝土强度等级为C30。
4. 基础构造详见国标图集《混凝土结构施工图平面整体表示方法制图规则和构造详图》(独立基础、条形基础、筏形基础、桩基础)16G101-3。

附图 3-3   独立基础设计说明图 (单位:mm)

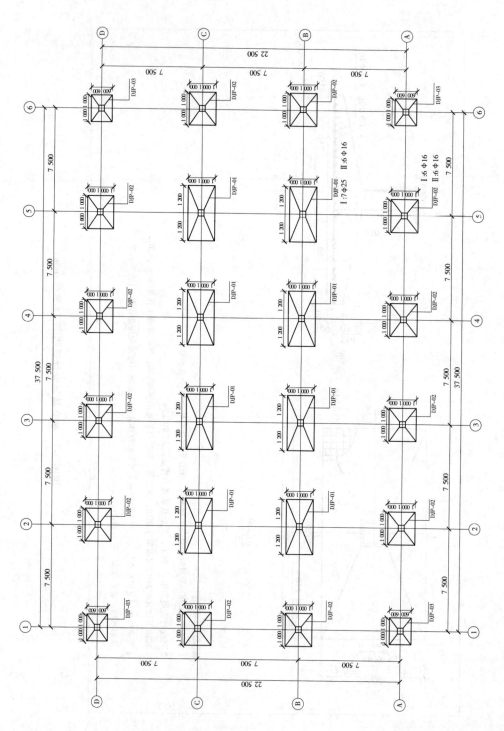

附图 3-4　独立基础设计平面图

参 考 文 献

[1] 陈国兴,范良本,陈甦.基础工程学[M].2 版.武汉:中国水利水电出版社,2013.

[2] 陈晨,李欣.现代地基处理技术[M].北京:地质出版社,2011.

[3] 丁金栗,虞石民,刘彦生.土力学与地基基础[M].北京:清华大学出版社,2015.

[4] 东南大学,天津大学,同济大学.混凝土结构(上册):混凝土结构设计原理[M].6 版.北京:中国建筑工业出版社,2016.

[5] 冯志炎,刘丽萍.土力学与基础工程[M].北京:冶金工业出版社,2012.

[6] 工程地质手册编委会.工程地质手册[M].5 版.北京:中国建筑工业出版社,2018.

[7] 龚晓南.地基处理手册[M].3 版.北京:中国建筑工业出版社,2008.

[8] 郭莹.基础工程[M].大连:大连理工大学出版社,2016.

[9] 华南理工大学,浙江大学,湖南大学.基础工程[M].3 版.北京:中国建筑工业出版社,2014.

[10] 华南理工大学,浙江大学,湖南大学.基础工程[M].4 版.北京:中国建筑工业出版社,2014.

[11] 黄生根,张希浩,曹辉,等.地基处理与基坑支护工程[M].3 版.武汉:中国地质大学出版社,2004.

[12] 蒋辉.环境地质学[M].2 版.北京:地质出版社,2020.

[13] 蒋辉,邵虹波,李明辉.水文地质勘察[M].北京:地质出版社,2019.

[14] 孔德森,吴燕开.基坑支护工程[M].北京:冶金工业出版社,2017.

[15] 阮永芬.基础工程[M].武汉:武汉理工大学出版社,2016.

[16] 李粮纲,陈惟明,李小青.基础工程施工技术[M].武汉:中国地质大学出版社,2001.

[17] 刘佑荣,唐辉明.岩体力学[M].北京:化学工业出版社,2017.

[18] 马孝春.基础工程解题指导[M].北京:清华大学出版社,2016.

[19] 石振明,黄玉.工程地质学[M].3 版.北京:中国建筑工业出版社,2018.

[20] 王泽云,刘永户,崔自治,等.土力学[M].2 版.重庆:重庆大学出版社,2014.

[21] 武崇福.地基处理[M].北京:冶金工业出版社,2013.

[22] 严绍军,时红莲,谢妮.基础工程学[M].3 版.武汉:中国地质大学出版社,2018.

[23] 张建勋.基础工程[M].北京:高等教育出版社,2009.

[24] 赵明华.基础工程[M].3 版.北京:高等教育出版社,2017.

[25] 周景星,李广信,张建红,等.基础工程[M].3 版.北京:清华大学出版社,2015.

[26] 王奎华.岩土工程勘察[M].2 版.北京:中国建筑工业出版社,2016.

[27] 中华人民共和国住房和城乡建设部.建筑地基基础设计规范:GB 50007—2011[S].北京:中国计划出版社,2012.

[28] 中华人民共和国住房和城乡建设部.建筑结构荷载规范:GB 50009—2012[S].北京:中国建筑工业出版社,2012.

[29] 中华人民共和国住房和城乡建设部.混凝土结构设计规范(2015 年版):GB 50010—2010[S].北京:中国建筑工业出版社,2015.

[30] 中华人民共和国住房和城乡建设部,中华人民共和国国家质量监督检验检疫总局.建筑抗震设计

规范(2016年版):GB 50011—2010[S].北京:中国建筑工业出版社,2016.

[31] 中华人民共和国住房和城乡建设部.岩土工程勘察规范(2009年版):GB 50021—2001[S].北京:中国建筑工业出版社,2009.

[32] 中华人民共和国住房和城乡建设部.建筑边坡工程技术规范:GB 50330—2013[S].北京:中国建筑工业出版社,2013.